세균,
두 얼굴의 룸메이트

치즈에서 코로나바이러스까지 아이러니한 미생물의 세계

세균,
두 얼굴의 룸메이트

마르쿠스 에거트, 프랑크 타데우스 지음
이덕임 옮김

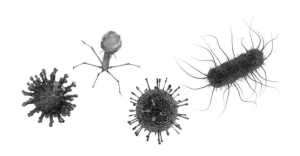

책밥

세균, 두 얼굴의 룸메이트

치즈에서 코로나바이러스까지 아이러니한 미생물의 세계

—

2020년 3월 20일 1판 1쇄 인쇄
2020년 3월 26일 1판 1쇄 발행

—

지은이 마르쿠스 에거트, 프랑크 타데우스
옮긴이 이덕임
펴낸이 이상훈
펴낸곳 책밥
주소 03986 서울시 마포구 동교로23길 116 3층
전화 번호 070-7882-2400
팩스 번호 02-335-6702
홈페이지 www.bookisbab.co.kr
등록 2007.1.31. 제313-2007-126호

—

기획·진행 권경자
디자인 프롬디자인

—

ISBN 979-11-90641-02-9 (03400)
정가 15,800원

—

책밥은 (주)오렌지페이퍼의 출판 브랜드입니다.

이 도서의 국립중앙도서관 출판예정도서목록(CIP)은 서지정보유통지원시스템 홈페이지
(http://seoji.nl.go.kr)와 국가자료종합목록시스템(http://www.nl.go.kr/kolisnet)에서
이용하실 수 있습니다. (CIP제어번호 : CIP2020010945)

이 책은 가장 어려운 관계 중 하나인
인간과 미생물의 관계에 대한 역사다.

"당신이 위생 전문가라는 걸 신문을 보고서야 알았네요."라고 아내가 말한 적이 있다. 내가 비록 미생물학과 위생학 교수이긴 하나 우리 집에서는 그다지 열성적으로 청소하지 않는다는 뜻이었다.

개인적으로 청소용 걸레를 자주 사용하지 않는다는 사실을 인정하겠다. '세균'이라는 단어는 나를 공포에 빠트리지 않는다. '박테리아'를 생각하면 나는 우선 골칫거리라기보다는 거대한 생명 공동체를 떠올린다.

이 책은 박테리아, 곰팡이, 바이러스 같은 미생물과의 일상적인 조우에 관한 것이다. 또한 아직까지도 가장 어려운 관계 중 하나인 인간과 미생물의 관계에 대한 역사다.

우리는 세균과 그 친구들을 주로 제거해야 할 적으로 간주한다. 우리의 무기고는 온갖 방법을 모색해 가능한 한 맹렬한 청소부를 동원한다. 하지만 미생물학자들도 이제 막 미생물의 세계를 이해하기 시작했다. 또한 이들의 숨겨진 신비로운 우주는 우리가 지금까지 생각했던 것보다 훨씬 우리에게 친근하다는 것을 이제야 간파했다.

앞으로 나는 우리가 살고 있는 집에서 미생물이 존재하지 않는 무균생활은 절대 불가능하다는 것을 설명하고자 한다. 우리 삶의 매 순간마다 수십억 개의 단세포 생물들이 우리 주위에서 분주하게 움직이고 있다. 그들은 우리의 피부에, 심지어 우리 몸 안에도 살고 있다. 인간의 몸 안에는 10조 마리 이상의 미생물이 살고 있다. 그런데 지나친 위생 상태는 오히려 우리를 아프게 할 수 있다는 사실을 알 필요가 있다. 우리가 두려워하는 박테리아의 경우 병에 걸렸을 때 언제나 우리가 다시 일어설 수 있게 도와준다.

나는 자신의 연구 대상을 희한하게 숭배하는 괴짜 과학자가 아니다. 미생물과 우리가 공존하다 보면 이 작고 사랑스러운 생명을 죽여야 할 때도 있다. 불행히도 그들 중에는 우리에게 심각한 위해를 가하는 악당들도 있기 때문이다.

항생제나 소독제, 세제 등은 문명의 축복이며 우리의 기대수명을 상당히 연장시켰다. 하지만 우리는 이들을 현명하게 사용할 줄 알아야 한다. 그렇지 않으면 미생물에 대한 공격은 도리어 역효과를 낳을 것이기 때문이다. 대부분의 미생물학자들은 모든 미생물을 박멸시키는 것이 잘못된 것이라는 사실을 점점 더 확실하게 깨닫고 있다. 몇몇 해로운 미생물을 잡기 위해 수많은 이로운 미생물을 죽이는 결과를 낳기 때문이다.

미생물은 우리가 살고 있는 이 행성의 첫 번째 생명체였다. 그리고 이들은 분명 20억 년에서 30억 년 후 지구가 태양에 의해 불타기 전까지 살아남을 마지막 생명체일 것이다. 애초에 우리가 아름다운 푸른 행성에서 살 수 있었던 것도 바로 이러한 단세포 생물들 덕분이었다. 우리는 그들에게 많은 빚을 진 것이다!

나는 우리가 일상생활 속 미생물보다는 마리아나 해구나 시베리아 툰드라 깊은 곳의 미생물에 대해 더 많이 알고 있다는 사실이 늘 마음에 걸렸다. 세탁기와 부엌 청소용 수세미에 모여 있는 바로 그 미생물의 동료들 말이다.

미생물이 없는 삶은 매우 암담할 것이다. 이들은 치즈나 살라미(길이가 긴 소시지로 얇게 잘라 먹는다.-옮긴이), 와인, 맥주와 같은 식재료를 생산한다. 우리는 이들에게 인슐린과 구연산, 에탄올과 같은 중요한 화학물질 혹은 필수 물질들을 빚지고 있다.

뱃속에 미생물이 없다면 어떤 소도 풀을 소화할 수 없을 것이고 살이 찌지도 못할 것이다. 우리 인간들 역시 그들이 없었다면 방귀조차 뀌지 못할 것이다.

많은 식물들은 공기에서 중요한 질소를 뿌리로 끌어들이기 위해 미생물을 이용한다. 또한 미생물을 이용해 수정을 하기도 한다. 하수처리장에서 미생물은 하수에 포함된 오염물질을 먹어치운다. 또한 바이오가스 시설에서는 폐기물을 통해 에너지가 되는 메탄가스를 생산하기도 한다.

심지어 많은 미생물들은 몇 가지 사랑스러운 특징을 우리와 공유하기도 한다. 박테리아는 큰 집단 안에서 효과적으로 약속을 맺기 위해 매우 수다스럽게 소통한다. 이들은 또래들과 어울리는 것을 좋아하고 가족 전체를 초대하기도 한다. 그야말로 세균은 좀처럼 혼자 오지 않는다!

이들은 언제나 먹는 것에 열중한다. 침대에서는 심드렁한 타입이라고 할 수 있지만 가끔씩은 번식을 위해 분발하기도 한다.

몇 년 전 아버지가 나에게 미생물학자는 하루 종일 무슨 일을 하냐고 물은 적이 있다. 그때의 내 경솔한 대답이 오늘날까지 마음에 걸려 있다. "색깔 없는 액체를 작은 용기에서 다른 용기로 옮기는 일이에요."

아버지에게 미생물의 흥미진진한 삶에 대해 더 많은 이야기를 해드리지 못한 것이 내내 마음에 걸렸다. 그것이 내가 이 책을 쓰게 된 이유다. 친애하는 독자 여러분들이 이 책을 읽고 난 후 우리의 사랑스러운 룸메이트들을 좀 더 다른 눈으로 보게 된다면 나는 목표를 이룬 것이다.

차례

세균과 박테리아는 지구 최초의 생명체였다.

그들은 43억 년 동안 진화하면서 지구 구석구석까지 번성하였다.

그리고 20억 년에서 30억 년 안에 태양이 우리 행성을 태워버리는 날이

불가피하게 닥친다면 이들이야말로 마지막 생명체가 될 것이 거의 확실하다.

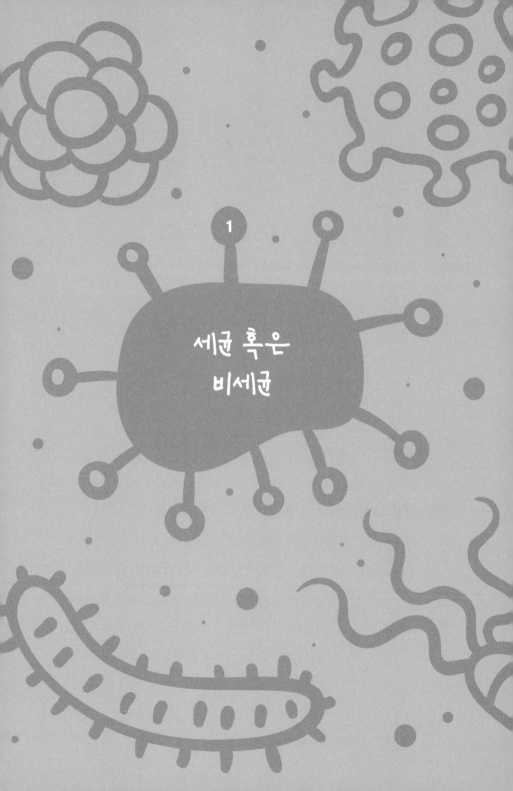

1

세균 혹은
비세균

원시 세균:
인간이 큰 빚을 지고 있는 일 중독자

나는 가정위생에 대한 세미나를 다음과 같은 말로 즐겨 시작한다. "안녕하세요. 제 이름은 마르쿠스 에거트이고 많은 사람들이 '난 그것에 대해 자세히 알고 싶지 않아!'라고 외치는 분야를 연구하고 있답니다." 세균과 박테리아에 대해서 대부분의 사람들은 일단 혐오감을 느낀다. 너무 끔찍하고 무서운 존재라고 생각하는 것이다. 또한 그 모든 것들은 대개 은밀한 곳에서 발생한다.

그러나 이런 불편함은 보통 불과 몇 분 후면 사라진다. 왜냐하면 가정위생이란 사실 우리 모두에게 영향을 미치기 때문이다. 내 경험으로 볼 때 대부분의 사람들은 청소기나 수세미, 행주 등을 다루는 방식에 있어서 자신이 매우 청결하고 현명하다고 생각한다. 그러면서 오히려 다른 사람들을 조롱하는 경향이 있다. 주변에 생일

선물로 물티슈 한 팩을 주고 싶은 친구가 없지는 않을 것이다. 또한 청결에 대한 병적인 태도가 거슬려 가까이하고 싶지 않은 친구도 분명 한 사람쯤은 있을 것이다.

단지 내가 미생물학자라는 이유로 세균이라는 주제에 전념하는 것은 당연한 일이 아니다. 내가 집 안을 청소하는 일에 미친 사람이라서 그런 것도 아니다. 내 박사 논문 주제는 풍뎅이 애벌레와 왕풍뎅이 유충, 그리고 지렁이의 장에 있는 미생물 집단에 관한 것이었다. 당신이 미생물학을 불필요하고 특이한 주제라고 여긴다면 이는 확실히 잘못된 것이다. 나는 미생물학자야말로 현대에 특히 중요한 직업이라고 주장하고 싶다.

☀ ⸺ 미생물학자를 위한 모험놀이터

내가 가정위생 전문가가 된 것은 우연의 일치였다. 2006년, 나는 뒤셀도르프에 본사를 둔 소비재 제조업체 헨켈에 입사했다. 대학을 박차고 나온 지 오래되지 않은 순진한 과학자에게 이 같은 진로 선택은 무엇보다도 권력의 어두운 면을 경험할 수 있는 기회라고 볼 수 있다. 왜냐하면 그곳에서의 연구는 단순히 연구만을 위한 연구가 아니라 세제나 식기세척제, 탈취제를 더 많이 팔기 위한 것이기 때문이다.

나는 미생물학 연구실의 관리자가 되었다. 처음에 내 주된 영역은 체취와 탈취제 연구였다. 마치 미생물학자들을 위한 커다란 모험놀이터에 들어온 것 같았다! 내가 새로운 대학의 연구 방식을 제시할 때마다 상사 중 한 명은 농담 삼아 에거트 씨의 모래 박스가 열렸다고 말하곤 했다.

가령 우리는 화장품이 피부 상재균에 미치는 영향에 대해 연구했다. 이를 위해 우리는 동료들의 겨드랑이에서 세균을 채취해 그중 어떤 세균이 악취를 풍기는 물질을 생산하는지 검사했다. 나중에 우리는 자동차 에어컨 악취의 원인이 되는 박테리아나 세탁기 속 세균에 대한 연구 혹은 세제가 가정의 미생물에 미치는 영향을 연구했다.

우리는 또한 세탁기의 세척 과정에서 빨래의 얼룩을 소화할 수 있는 유전자 변형 박테리아의 효소를 연구했다. 프랑켄슈타인 박사의 연구실과 같은 곳이었는데 현대의 미생물학이 그것을 가능하게 했다. 스케치북에 당신이 원하는 맞춤형의 미생물을 정확하게 구현하는 것이 거의 가능해진 것이다.

다른 한편으로 미생물학자들은 결핵 병원체의 발견자인 로베르트 코흐(Robert Koch)가 약 150년 전에 그랬듯이 고체나 액체 영양소를 통해 살아 있는 미생물을 다루는 일을 한다. 살아 있는 미생물을 통해서만 이들이 특정한 환경의 자극, 예를 들어 세제나 탈취제에 어떻게 반응하는지를 실제로 시험할 수 있기 때문이다.

우리는 미생물이 신진대사가 가능한 생물이라는 사실을 쉽게 잊는다. 크기도 1,000분의 1mm밖에 되지 않기 때문에 이들을 보려면 현미경이 필요하다. 지구에 존재하는 이 작은 거주자들을 볼 수 있게 된 것은 약 350년 전의 위대한 발견 덕택이었다. 최초로 믿을 만한 방식으로 박테리아를 발견하고 이를 설명한 사람은 렌즈 연마를 취미로 삼고 있던 네덜란드 안경사 안톤 판 레이우엔훅(Antoni van Leeuwenhoek)이었다. 그러나 그는 자신이 다루고 있는 것이 무엇인지 알지 못했다. 앞에서 언급한 로베르트 코흐가 이들의 진정한 본성을 밝히기 전인 19세기까지만 하더라도 의사들은 질병이 악취를 통해 발생한다고 믿었다.

☀ 믹서 속의 미생물

모든 미생물은 단세포 생물이다. 이들이 이런 형태로 존재한다는 것은 사실 매우 놀라운 일이다. 미생물학자들이 미생물, 즉 단세포 생물과 그보다 진화한 다세포 유기체와의 차이점을 설명하고자 할 때 이들은 매우 단순한 구별 기준을 적용한다. 즉 믹서에 넣고 갈았을 때 죽지 않는다면 그것은 모두 미생물이다. 그 배경에는 다세포 유기체의 경우 개별 세포가 자연 상태로는 살아갈 수 없을 정도로 전문화되었다는 사실이 있다. 이들은 찢어지는 순간 완전한 유기체로 남아 있을 수 없게 된다.

반면 미생물은 잠재적으로 불멸의 존재다. 이들은 이분화 혹은 과학적 표현을 빌자면 기하급수적 성장을 통해 우직스럽게 수를 불려간다. 한 세포가 두 개의 새로운 세포가 되고, 그 다음엔 네 개로 여덟 개로… 이들은 모두 어떻게 되는가? 하나의 세포는 20분마다 분열해 48시간 안에 지구 무게보다 3,000배나 무거운 생물량을 만들어낸다.

미생물 혹은 미생물 유기체에는 박테리아뿐 아니라 박테리아보다 덜 알려진 자매 박테리아 격의 고세균(Archaea)도 포함되는데, 이들은 바이오가스 시설에서 난방을 위해 메탄을 생성하는 역할을 한다. 또 곰팡이나 해조류, 단세포 생물(원생동물, Protozoa)과 바이러스도 미생물이다. 후자인 바이러스는 생물이 아니라 스스로 신진대사를 하지 않는 복잡한 분자에 지나지 않는 외부자다.

박테리아는 확실히 가장 많이 연구된 미생물이라 할 수 있다. 이들은 화학적인 자극을 감지할 수 있을 뿐 아니라, 이들 중 다수는 움직임을 가능하게 하는 일종의 엔진도 가지고 있다. '세균'이란 용어는 종종 병원균과 동의어로 사용되지만 그 말은 부당하다. 대부분의 미생물은 인간에게 전혀 해롭지 않기 때문이다.

박테리아는 곰팡이, 해조류, 프로토조아 등의 세포나 모든 상위 유기체와는 달리 핵이 없다. 이들은 원핵(原核)생물이라 불린다. 그럼에도 불구하고 우리의 세포는 박테리아와 직접적으로 관련이 있다. 더 정확히 말하자면 우리는 이들로부터 태어났다고 할 수 있다. 박테리아와 고세균이 결합해 소위 진핵(眞核)생물이 된 것이다. 세포핵이 있는 세포, 이들에게서 궁극적으로 인간이 만들어졌다.

우리는 우리의 존재 못지않게 미생물에게 많은 빚을 지고 있다! 지구상의 모든 생명체가 그들로부터 출현했다. 하지만 슬프게도 우리가 맨눈으로 볼 수 없는 이 작은 생명체들은 천지창조의 일화 속에는 단 한 줄도 언급되지 않는다. 그럼에도 불구하고 박테리아와 미생물은 인간의 출현을 다루는 책에서 매우 두꺼운 부록으로 다루어져야 할 자격이 충분하다.

미생물은 지구 최초의 원주민이라고 볼 수 있는데 당시는 오늘날처럼 달콤한 장미향과 새소리로 가득한 세상이 아니었다. 미생물들이 징그러울 정도의 복원력을 갖고 있지 않았다면 오늘날 지구는 누구도 살 수 없는 사막으로 남아 있었을 것이다. 사람도 동물도 살 수 없었을 것이고, 나무나 풀도 존재할 수 없었을 것이다.

우리는 집에 있는 미생물을 침입자로 여기는 경향이 있다. 하지만 똑바로 보자면 그들이 우리와 같이 사는 게 아니라 우리가 그들과 같이 사는 것이다!

☀ ～～～～ 모든 생명의 조상: 세균

물론 사람의 머리카락보다도 40배 정도나 가늘고 평판도 그리 좋지 못한 유기체를 기꺼이 받아들이기는 쉽지 않다. 그럼에도 불구하고 이 근본적인 깨달음은 사실에 속한다. 즉 지구상의

곰팡이

원생동물

박테리아 및 고세균

바이러스

조류

미생물의 세계(미생물, 세균)는 육안으로 확인할 수 없고 단세포로 연명하는 생물체가 포함된다. 박테리아와 고세균의 세포에는 핵(원핵)이 없고, 곰팡이·해조류·원핵생물의 세포에는 이미 핵이 존재한다. 바이러스는 생물이 아니라 단지 복잡한 분자일 뿐이다. 하지만 그 크기를 가늠하기는 어렵다. 원핵생물의 크기는 약 100만 분의 1m인데, 바이러스는 그보다 약 10배 정도 작고, 진핵생물들은 약 10배 더 크다.

모든 생명체는 43억 년 전 생명의 무대로 들어온 슈퍼 세균으로부터 비롯된 것이다.

과학자들은 이 지구상의 최초 세포 생물에게 LUCA라는 이름을 주었는데, 이는 '최후의 우주 공통의 조상(Last Universal Common Ancestor)'의 약칭이다. 이들이 나타났을 때 지구는 아마도 불과 몇억 년밖에 되지 않았을 것이다.

세균은 티라노사우루스 렉스의 화석만큼 확실한 존재의 증거를 남기지 않는다. 초기 존재의 증거는 역설적이게도 기후 변화 때문에 가능해졌다. 지구 온난화로 인해 과거에는 인간이 감히 접근할 수 없었던 고대 암석들이 점점 더 많이 발견된 것이다.

최근 영국-호주 연구팀은 캐나다 퀘벡주에 있는 누부악잇턱(Nuvvuagittuq) 암대에서 43억 년 된 관형 구조를 가진 암석들을 발견했다. 이 구조물은 오늘날에도 해저 깊숙한 곳의 뜨거운 화산 샘 근처에 살고 있는 미생물의 신진대사의 산물이라고 볼 수 있다. 왜냐하면 소위 '블랙 스모커'라고 말하는 해저 화산의 물은 영양가가 엄청나게 풍부하기 때문이다.

☀ ⸺ 산소: 우연의 산물

LUCA가 출현한 어린 지구는 생존에 적대적인 환경이었다. 태양에서 방사되는 치명적인 자외선과 X방사선으로부터 생명을 보호하는 지구의 대기는 지금과 같은 형태로 존재하지 않았기 때문이다. 그러다 보니 산소도 당연히 없었고 또한 매우 더웠다. LUCA는 물속에서 태어났다.

산소는 지구상의 모든 고등생물의 열쇠다. 우리가 호흡하는 공기가 창조된 것은 이른바 시아노박테리아(청녹조류)에 힘입은 기적이다. 이들은 햇빛과 공기 중 이산화탄소 그리고 물의 도움을 받아 이들의 유일한 식량인 탄수화물을 만들었다. 이 광합성 작용의 폐기물로 기체의 자유로운 성질을 가진 산소가 생성되었다.

대기 중 산소 농도가 21%를 조금 밑돌기까지는 약 15억 년이 걸렸다. 이것이 바로 오늘날 우리가 멋진 삶을 영위할 수 있는 농도 값이다. 이 상태에 처음 도달한 것은 약 10억 년 전이었다. 호흡의 에너지원으로서 산소의 농도가 높아지면서 폭발적인 형태로 다양한 생명이 등장했고 푸른 행성은 녹색이 되었다. 게다가 고등 다세포 생명체가 출현하게 되었다.

지금까지 등장한 수많은 생물들 중 그 기원을 부정할 수 있는 것은 하나도 없다. 우리 모두는 LUCA에서 왔으며 서로 연결되어 있는 것이다. 박테리아에서 해삼까지, 감자와 초파리에서 침팬지와 인간에 이르기까지, 우리는 모두 공통적인 특징을 가지고 있다. 가령 유전자 구성체로서 DNA를 가지고 있다거나 단백질을 만드는 방법 등이 그에 속한다.

이는 미생물이 우리와 가장 긴밀하게 연결되어 있다는 것을 의

미하기도 한다. 왜냐하면 우리의 각 세포는 미토콘드리아라 불리는, 에너지의 약 90%를 생성하는 '이주해온' 박테리아 세포를 포함하고 있기 때문이다.

대부분의 과학자들은 생물이 지구상에서 유래했다고 추정한다. 하지만 한 가지 궁금증이 생긴다. 이는 아무리 험한 생활환경에서도 살아남을 수 있는 미생물의 능력에 관한 것이다. 그 강인함은 어디에서 오는 것일까? 우리는 진화가 갑자기 한꺼번에 이루어진 것이 아니라 작은 단계에서부터 하나씩 이루어졌다는 것을 알 수 있다. 하지만 이 미생물들은 비교적 짧은 시간 안에 놀라운 저항력을 발휘하도록 훈련되어왔음이 분명하다.

그런데 진지한 과학계에서 이러한 이론에 대한 추종자는 그리 많지 않다. 하지만 이러한 매력적인 가설과 관련된 즐거운 호러 스토리에 잠시 마음을 맡겨보자. 범종설(汎種設, 지구의 생명체는 운석 등 외계의 천체에 묻어 들어온 박테리아에 의해 시작되었을 것이라는 설-옮긴이)의 대표자들은 적어도 이론적으로는 지구가 우주로부터 '접종'되었을 가능성이 있다고 주장한다. 즉 이미 발달한 외계 생명체의 포자가 고아 행성이었던 지구에 뿌려져 지구를 식민지화했다는 의미인 것이다. 그러므로 우리 모두는 외계인이라고 할 수 있다.

미국의 미생물학자들은 2억 5,000만 년 이상 된 소금 결정에서 갇혀 있던 박테리아 포자를 발견했다. 연구원들은 설탕과 비타민 그리고 미량의 원소 영양액으로 멸종된 것으로 보이는 작은 생명체를 돌보았다. 그리고 이 영양 혼합물은 결국 마법의 물약으로 밝혀졌다. 포자가 다시 살아난 것이다!

이 박테리아는 2억 5,000만 년이라는 존경할 만한 나이의 생명체다. 지구상에 살았던 생명체 중 가장 나이가 많은 생명체인 것이다. 비교를 하자면 입증 가능한 범위에서 지금까지 가장 오래 산 인간의 나이는 겨우 122세였다. 더욱 분명한 것은 이 같은 능력을 가진 미생물은 운석 위의 승객처럼 우주를 통과하는 여정에서도 살아남았다는 것이다.

지구에 떨어질 때의 충격조차도 이들을 막지는 못했다는 것이다. 박테리아 포자의 저항력은 다층의, 극도로 단단한 껍데기 그리고 매우 절제된 신진대사에 기초한다. 이 생명체들은 높은 열, 가뭄, 영양 결핍에도 살아남을 뿐 아니라 심지어 항생제에도 저항력을 가지고 있다.

미생물은 43억 년 동안 진화하면서 지구 구석구석까지 번성하게 되었다. 지층 수 킬로미터 아래에서도, 또한 성층권의 가장 높은 고도에서도 이들을 발견할 수 있다. 이 지구상에서 들끓는 마그마를 제외하고는 세균으로부터 자유로운 멸균된 장소는 거의 없다고 볼 수 있다. 작은 크기 덕분에 미생물은 세계 곳곳에 도달할 수 있다. 이들이 극한 환경 속에서 안착할 수 있는지, 살아남아 재생산할 수 있는지는 특정한 주위 환경 조건에 달려 있다.

이는 미생물이 우리 집의 냉장고, 침대 또는 화장실을 이상적인 생장 환경이라고 판단한다면 우리가 이들의 삶에 영향을 미칠 수 있다는 것을 의미한다. 하지만 미생물로부터 자신을 보호하거나 심지어 그들로부터 도망치려 하는 것은 무의미한 일이다. 우리는 결코 그들을 완전히 제거할 수 없다.

LUCA와 그 후임자들은 이미 40억 년이라는 세월을 지구상에서 생존해왔다. 공룡은 1억 7,000만 년 전에 나타났는데, 미생물의 역사에 비하면 이는 짧은 에피소드에 불과하다. 호모 사피엔스가 지구상에 체류한 지는 겨우 20만 년에 불과하다.

미생물과 박테리아는 지구 최초의 생명체였다. 그뿐만이 아니다. 약 20억 년에서 30억 년 안에 태양이 우리 행성을 태워버리는 날이 불가피하게 닥친다면 이들이야말로 마지막 생명체가 될 것이 거의 확실하다.

모이면 강해진다:
세균은 어째서 가족적인가

동물들이 으르렁거리거나 울부짖는 것은 동족과 이야기를 나누는 것일 수 있다. 청어들은 방귀를 통해 소통을 한다. 동물들이 실제로 서로 수다를 떨고 있다는 것은 진화생물학에서 가장 놀라운 발견이었다.

심지어 식물들도 서로 활발한 교류를 한다. 예를 들어 동물이나 곤충이 녹색 식물을 먹어치우기 시작하면 괴로운 식물은 불쾌하고 쓴 물질로 스스로를 방어할 뿐만 아니라, 휘발성 화학 신호를 이용해 즉시 이웃들에게 경고한다.

물론 사람들은 미생물이 서로 말을 주고받는 것과 같은 환상적인 문화공연을 할 것이라고는 기대하지 않는다. 그저 빵처럼 그 자리에서 오직 증식만 할 뿐이라 여기는 것이다. 이 고정된 이미지는 기본적으로 오늘날까지도 우리 생태계의 의붓자식들에게 달라붙는다. 따라서 하버드 대학교 생화학자인 J. 우드랜드(우디) 헤이스팅스(J. Woodland "Woody" Hastings)가 처음으로 미생물들이 비밀리에 소통한다는 논문을 공식화했을 때 회의적인 시각이 컸다.

하지만 헤이스팅스는 세월이 지나면서 인정받게 되었다. 미생물이 데이트를 하고 스스로 대규모로 조직할 수 있는 놀라운 능력이 있다는 것인데, 미생물학에서는 다소 포괄적인 '쿼럼센싱(quorum sensing)'이라는 표현이 일반적으로 사용된다. 이것은 단세포 생물들 주변에 얼마나 많은 동류가 있는지를 분명히 인지할 수 있다는 것을 의미한다. 또한 이러한 능력을 자기 이익을 위해 사용한다는 것을 의미하기도 한다.

우리 행성의 가장 작은 생명체들은 분명 놀라울 정도로 복잡한 의사소통 시스템을 개발해 매우 다양한 요구사항을 표현할 수 있다. 지난 몇 년 동안만 해도 연구자들은 약 20가지의, 미생물들이 서로 다른 메시지를 전달하는 신호 분자를 밝혀냈다. 아마도 그것은 이들의 해독된 의사소통 방식 중에서도 극히 일부분에 지나지 않을 것이다.

☀ ⟜⟜⟜ 미생물의 언어 혼란

단세포 생물들의 소통방식은 말 그대로 바빌로니아 언

어의 혼동 속을 통과하는 것과 같다는 것을 여러모로 알 수 있다. 게다가 모든 박테리아가 그 메시지를 다 이해할 수 있는 것도 아니다. 박테리아가 수많은 전달물질 중 관심 있는 분자들을 어떻게 걸러내는가 하는 것은 매우 흥미진진한 최근 연구의 한 주제인데, 아직까지는 많은 것이 밝혀지지 않고 있다.

그러나 우디 헤이스팅스는 1970년대부터 오징어 종류인 하와이 짧은 꼬리 오징어(Euprymna scolopes)를 사용해 미생물에게 쿼럼센싱이 어떻게 도움이 되는지 입증하기 시작했다. 이들 작은 오징어는 하와이 해안에 살고 있다. 태평양의 달빛이 비치는 밤이면 적들이 이들의 검은 윤곽을 식별하기가 매우 쉬울 것이다. 이 때문에 유프림나 스콜로프는 물속에서 빛을 내는 발광기관을 갖추고 있는데 그 빛은 이들의 윤곽을 흐릿하게 만든다. 그러나 오징어 자체가 스스로 빛을 내는 것은 아니다. 알리비브리오 피셔리(Aliivibrio fischeri)라는 이름의 미생물이 조수 역할을 하는 것이다.

오징어는 알에서 부화한 직후 자신들에게 중요한 박테리아를 바닷물에서 빨아들이기 시작한다. 그 후 단세포 생물인 박테리아는 오징어의 조명장치에 직접 달라붙는데, 이곳에서 조명에 필요한 약 100억 마리라는 숫자에 도달할 때까지 빠르게 증식한다. 이 임계점에 도달하게 되면 박테리아 군집이 빛나기 시작한다. 미생물이 하나일 때는 에너지를 낭비하는 희미한 반짝임일 뿐이다. 그러나 100억 마리가 모이면 강력한 헤드라이트처럼 빛난다.

그렇다고 미생물이 마냥 사심 없이 행동하는 것은 아니다. 이들은 숙주동물로부터 당분이나 여타 영양분뿐만 아니라 서비스에 대한 대가로 보호소를 제공받는다. 오징어와 박테리아 사이의 기이한 협력과 관련해 미생물학자들을 특히 매혹시키는 것은 다음과 같은 질문이다. 어떻게 단세포 생물들은 수십억 개의 동류들이 있다는 것을 감지할 수 있을까?

어떤 이유에서건 이 작은 생명체들은 자신들이 함께 모일 때 강해진다는 것을 알고 있고 그것이 이들을 사교적으로 만든다. 비록 단백질과 DNA로 채워진 지방 피복보다 조금 더 많은 것으로 구성되어 있을 뿐이지만 박테리아는 또한 주변의 특정한 자극체를 감지할 수 있는 수용체를 가지고 있다. 예를 들어 오징어의 당분자가 그에 해당된다. 게다가 이들은 정보를 담고 있는 분자를 배설하는 능력을 가지고 있다.

주의를 끌기 위해 박테리아는 부지런히 분자를 배설하며 다른 개체들을 부른다. "안녕, 나 왔어. 또 누가 있니?" 이 소리가 상당히 크다는 것은 주위에 전달물질이 충분하다는 것을 의미하며, 이는 세균의 수가 충분히 많다는 것을 뜻한다. 그제야 박테리아는 생화학적으로 정교한 빛을 낸다.

미생물들이 항상 자신의 운을 시험하는 작은 오징어처럼 음식 항아리를 향해 달려드는 것은 아니다. 때때로 박테리아는 식량과 동료를 찾아 여기저기 목적 없이 어슬렁거리기도 한다. 그러다 택시 안의 라디오 신호처럼 가끔 가까운 곳에 있는 동료에게서 구조 신호가 오기도 한다. "이쪽으로 오세요. 이곳에 당신이 필요해요!" 그런 경우 박테리아는 속도를 급격하게 낼 수 있다.

그렇다면 곧바로 다음과 같은 질문이 떠오를 것이다. 그렇다면 미생물은 어떻게 움직일까?

대부분의 미생물들에겐 팔과 다리 대신에 소위 편모라 부르는 것이 얇은 밧줄처럼 몸에 매달려 있다. 필요한 경우, 이러한 나사산 같은 구조물은 전기모터에 의해 동력을 받는 일종의 프로펠러로 변한다. 미생물은 속도를 높이기 위해 분당 3,000회의 회전 속도에 도달할 수도 있다.

물론 박테리아는 아무렇게나 부주의하게 돌아다니기도 한다. 이에 대해 미생물학자들은 이들이 '텀블링'을 한다고 말한다. 하지만 이런 종류의 방황에도 어느 정도의 규칙은 있다. 박테리아는 자신들을 기쁘게 할 관계를 어느 방향에서 찾을지 이런 식으로 테스트하는 것이다.

누군가는 순진무구한 단세포 생물들이 그저 어딘가에 정착해 있을 것이라고 생각할 수 있다. 하지만 자신들이 살기 적합한 환경을 확인하고 먹이가 근처에 있는지를 감지하기 위해 미생물들이 얼마나 활발하게 움직이는지 아는가. 이들은 주변 환경의 화학적 구성을 감지해 음식 공급원이 있는지의 여부를 확인한다.

보이지 않는 우리의 룸메이트들에게 인간의 몸은 젖과 꿀이 흐르는 땅이나 마찬가지로 매력적이다. 미생물은 우리의 쾌적한 체온을 즐긴다. 이들은 또한 우리 몸이 무한한 식량 저장고라는 사실을 알고 있다. 특히 우리가 혐오해 닦거나 씻어내려 하는 분비물이나 비듬 등이 박테리아에겐 근사한 식량감이다. 게다가 이들은 피를 가장 좋아한다.

놀라우면서도 동시에 역겨움을 안겨주는 공동체 활동이 바로 바이오필름(생물막)이다. 이 점액막은 수십억 개의 미생물이 서로 붙어서 강력하고 끈적끈적한 네트워크를 이루는 분자를 뱉어낼 때 생긴다. 이 습한 환경을 박테리아와 다른 미생물들은 특히 좋아하는데 그곳에서 강력한 힘을 얻기 때문이다. 이 미생물로 이루어진 거대 도시가 형성되면서 다시 쿼럼센싱이 발생한다.

의학과 위생학에 있어서 바이오필름은 상당한 골칫거리가 되고 있다. 연구에 따르면 방광 카테터를 연결한 후 일주일 이상 지난 환자의 50% 정도가 요로 감염에 걸린다고 한다. 왜냐하면 세균들이 플라스틱 호스 안과 위쪽에 즉시 바이오필름을 형성하기 때문이다.

낭포성 섬유증을 앓고 있는 사람들은 만성 폐 감염으로 고생한

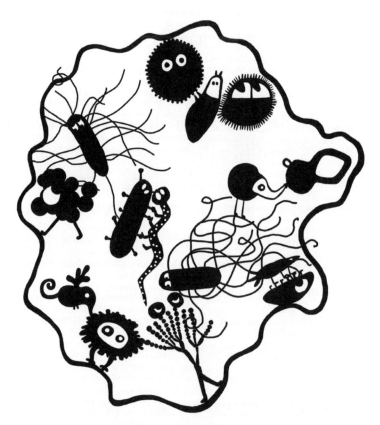

바이오필름 속에 사는 많은 다양한 미생물은 표면의 점액질 속에서 안전하게 보호받는다. 이들은 그 안에서 함께 식사하고 활발하게 유전물질을 교환할 수 있다. 심지어 이들은 메신저 물질의 교환을 통해 서로 소통하기도 한다. 이러한 형태의 의사소통을 쿼럼센싱이라고 한다.

다. 이는 대개 녹농균(Pseudomonas aeruginosa)이라 불리는 고약한 세균 때문이다. 이 소름끼치는 미생물들은 환자들의 폐 조직에 바이오필름 형태로 끈질기게 붙어 있어 장기적으로는 항생제 치료조차도 효과가 없다.

이 같은 구조는 우리와 밀접한 일상 속에서도 찾을 수 있다. 가령 이를 닦지 않고 하루가 지나면 치아는 미생물로 코팅이 된다. 입 냄새와 충치의 원인은 그동안 모인 수십억 개의 박테리아로부터 오는 것이다. 심지어 집에 있는 싱크대도 미생물의 온상이다.

우리 장모님은 싱크대를 닦을 때 '윤을 낸다'라는 멋진 단어를 사용했다. 하지만 거기서 조금만 더 내려가도 문제는 시작된다. 석유 등을 빨아올려 옮긴다는 뜻을 가진 siphon(사이펀)이라는 단어가 '지저분한'이라는 뜻을 담고 있는 siff에서 유래한 것이라고 짓궂게 말해도 크게 잘못된 말은 아닐 것이다. 이처럼 배수관에서 퍼지는 박테리아의 수는 우리 인간이 짐작할 수 있는 범위를 넘어선다. 지하의 관에 형성된 바이오필름은 끓는 물도, 강력 세척제도, 망치와 끌조차도 무용지물로 만든다.

☀ ～～～～ 바이오필름의 보호공동체

과학자들은 질병을 유발하는 미생물을 점점 더 위협적

인 세력으로 여기고 있다. 반면 의학자들은 오래전부터 자신들이 적군들의 적응력을 간신히 따라잡고 있을 뿐이라고 고백했다. 오늘날 위험한 세균과의 싸움에서 가장 효과적인 무기는 항생제다. 그러나 이 성분은 복잡한 공동체로 미생물을 공격하도록 고안된 것이 아니다. 항생제는 우리 몸이나 세균에 도움이 되건 그렇지 않건 신체의 중요 지점에서 박테리아를 개별적으로 공격해 죽이려고 시도한다.

바이오필름의 강력한 공동체에 대항하는 항생제는 무력하다. 끈적끈적한 바이오필름의 보호 덮개를 뚫고 들어갈 수가 없는 것이다.

게다가 오늘날 우리의 항생제 전략팀은 박테리아가 얼마나 기회주의적으로 행동할 수 있는지를 과소평가하고 있다. 예를 들어, 미생물의 기능에 문제가 생기면 동류 미생물은 재빨리 그것을 잡아먹는다. 이 같은 식육잔치로 인해 단세포 유기체는 쉽게 먹이를 얻는다. 하지만 그것만이 전부는 아니다. 왜냐하면 미생물은 죽은 미생물의 유전자 구성을 먹어 치우면서 자신의 유전적 물질에 그것을 통합시키기도 하기 때문이다. 그 결과 미생물은 실질적으로 더욱 강력해진다.

미생물 공동체에는 진짜 프랑켄슈타인이 존재한다고 볼 수 있다. 아주 정상적인 박테리아도 순식간에 항생제로도 처치하기 곤란한 다중적 내성 세균으로 변할 수 있다.

오늘날 미생물 세계의 악당들과의 싸움에서 우리가 점점 더 밀리고 있는 이유는 바로 이들 돌연변이 때문이다. 우리가 만든 항생제는 미생물에 매우 중요한 세포벽 물질이나 단백질, 또는 여러 분자들의 생산을 방해한다.

그런데 돌연변이들은 외부의 공격으로부터 방어할 수 있는 놀라운 무기고를 가지고 있다. 즉 항생제를 세포에서 빨리 빼내는 강력한 펌프나 미생물의 몸에 들어가기 전에 독소처럼 항생제를 분해시키는 효소를 가지고 있는 것이다. 그렇게 되면 미생물은 캡슐화되거나 약물이 침투할 수 없는 바이오필름을 형성한다.

그리하여 이 돌연변이는 공격에서 살아남은 다음, 억제되지 않고 증식해 거대하고 저항력 강한 군대를 만들어내는 것이다.

어떤 미생물 균주의 경우 늙은 미생물이 어린 것들을 위해 자신을 희생하는 경우가 놀라울 정도로 흔하다. 세포 속에 내장된 자살 프로그램은 다른 박테리아에게 부담이 되기 전에 스스로를 죽이도록 한다. 이 바이오필름은 2배로 실용적이다. 일단 불필요한 입을 줄이고 그에 더해 사체 세포는 나머지 다른 세포의 식량이나 DNA 예비 부품 창고로 제공된다.

☀ ⌇⌇⌇⌇⌇ 세균을 통제하는 새로운 방법?

그러나 식육을 즐기는 이 세포들이 동족만을 잡아먹는다면 핵심적인 영양소인 철분을 얻을 수 없다. 반면 인간의 세포에는 철분이 많이 함유되어 있다. 예를 들어 혈액의 붉은색을 내는 헤모글로빈도 그에 속한다. 사실 우리 인체도 철분을 필요로 하기 때문에 우리 몸 안에서 매우 소중하게 보호된다. 하지만 이미 언급한 사악한 세균인 녹농균은 동료들과 힘을 합쳐 우리의 세포에서 광물들을 훔칠 수 있다. 이를 위해 녹농균은 쿼럼센싱을 사용한다.

오늘날 우리는 이 공동체의 공격에 무력하다. 그러나 우리가 녹농균이 서로 소통하는 것을 막는 데 성공한다면 이는 소위 병균, 즉 무서운 병을 불러오는 박테리아에게는 더 큰 타격이 될 것이다. 세균을 통제하는 새로운 혁명적인 방법에 기대를 거는 과학자들이 많다. 그 아이디어는 간단하다. 박테리아가 서로 의사소통한다는 깨달음을 활용하는 것이다. 우리는 이들의 의사소통 통로를 막음으로써 사악한 의도로 친척 무리를 끌어들여 바이오필름을 형성하는 것을 애초에 예방할 수 있다.

이를 성공시키기 위해서 우리는 적들의 신호 분자를 차단해야 한다. 그렇게 함으로써 우리 삶을 편하게 해주는 많은 자애로운 미생물들이 보호받을 수 있다.

일부 연구원들은 박테리아의 결집을 방해하고 약화시키는 이러한 접근법에 대해 박테리아들이 저항력을 발전시키지는 않을 것이라 믿고 있다. 하지만 박테리아도 서로 전쟁을 하고 있다는 것을 알아야 한다. 게다가 이들의 무기는 바로 서로의 무선통신을 끊는 것이다. 미생물을 전멸시키는 이 실험에도 저항이 예상되는 것이다.

우리 몸속의 미생물: 평생의 친구

13년 전 딸 요한나가 태어난 직후 나는 서둘러 그녀의 첫 대변을 특별한 용도를 위해 만들어진 상자에 넣은 다음, 네덜란드의 동료 연구실로 보냈다.

전문 용어로 소위 '태변'이라 불리는 이것은 생물학적 관점에서 매우 의미 있는 물질이다. 태변은 아이의 머리카락이나 세포와 마찬가지로 아이가 자궁 속에서 무엇을 먹고 컸는지에 대한 정보를 준다. 추측하는 것과 달리, 태아가 헤엄치는 양수는 무균 상태가 아니다. 이것은 우리 아이들이 세상의 빛을 보기 훨씬 이전에 이미 양수를 통해 다양한 미생물과 접촉한다는 것을 의미한다.

아마도 이 작은 생물들은 생후에 필연적으로 뒤따를, 세균으로 가득 찬 삶에 대해 천천히 준비한 것이라 볼 수 있다. 자궁 속 미생물은 아이의 면역체계를 강화시킨다는 점에서 최초의 자연백신으로서 일종의 특별한 세례식과도 같으며, 이를 바탕으로 이후 홍역이나 수두 예방접종 같은 몇 가지 다른 예방접종도 덧붙여진다.

☀ ─── 인간: 살아 있는 비닐하우스

우리는 매일 수천 종의 미생물과 함께 한 지붕 아래서 산다. 아무리 강력한 세정제를 사용한다 해도 이 사실이 바뀌는 않는다. 하지만 세정제는 전혀 필요하지 않다. 비교적 최근부터 미생물학자들은 가정 미생물이라는 용어를 사용하고 있는데, 이 용어는 우리를 둘러싸고 있는 미생물의 전체성을 가리키는 것이다.

박테리아와 다른 미생물들의 네트워크가 인간의 행복에 중요한 영향을 미친다는 증거는 충분하다. 아마도 우리는 이미 석기시대부터 동굴이나 오두막에서 미생물들과 동거해왔을 것이다.

또한 우리 인간에게만 있는 미생물, 즉 인체 미생물도 있다. 이는 박테리아와 고세균, 곰팡이나 바이러스, 기생충을 모두 합친 것으로 우리 몸 안에서 자라고 번성하며 살아가는 미생물을 말한다. 이들 생물체는 그 수가 10조 개가 넘는다. 따라서 우리 인간은 모두 하나의 거대한 온실과 같다.

우리 몸의 박테리아와 인체 세포의 비율은 약 1:1이다. 큰일을 보기 위해 변기를 사용할 때마다 수십억 개의 미생물이 변기 안으로 들어가기 때문에 이 관계는 잠시나마 인간 세포에 유리하게 바뀐다. 하지만 이는 오래가지 않는다. 단세포 생물들의 빠른 분열 능력 덕분에 이 비율은 금방 다시 회복된다.

우리 몸에는 최대 1만 5,000가지나 되는 다른 종류의 미생물이 편승하고 있다. 하지만 우리가 알고 있는 것은 이들의 약 20% 정도로 빙산의 일각일 뿐이다. 나머지 80%는 그저 '미생물 암흑물질'이라는 용어로 뭉뚱그려서 부르고 있다. 이는 지금까지 아무도 본 적 없고 단지 DNA 서열로만 인식되는 미생물을 통칭한 것이다.

우리 몸의 미생물들은 많은 요소들에 의해 영향을 받는다. 유전자와 영양, 성장 장소와 신체 건강, 그리고 같이 사는 배우자까지 일정한 역할을 한다. 물론 우리의 위생 태도도 영향을 미친다. 지난 몇 년 동안 의사와 미생물학자들은 우리가 매우 복잡한 정착 공동체로부터 상당히 많은 이익을 받았다는 것을 밝혀냈다.

이들은 외부 세계의 미생물 공격으로부터 우리를 보호하고, 소화를 돕고, 면역체계를 자극하거나 심지어 몸에 필요한 비타민을 만들어주기도 한다. 우리 눈에 보이지 않는 이들 룸메이트들은 혈액과 같이 우리 신체 내의 독보적인 요소만큼이나 중요한 역할을 하고 있다고 볼 수 있다. 하지만 우리가 이 새로운 기관을 이해하기 시작한 것은 극히 최근의 일이다.

성인의 몸에 살고 있는 미생물의 무게는 약 300~600g인데, 이는 초콜릿 바 약 3~6개가 들어 있는 것과 같다.

정체가 거의 알려져 있지 않은 이 분주한 생물들은 모유에도 깃들어 있다. 가령 산모의 젖에 함유되어 있는 200종류의 당류는 아기조차도 소화시킬 수 없다. 그것은 주로 비피더스 박테리아라는 특정한 중요 미생물 집단을 위한 음식일 뿐이다.

이 박테리아는 청소년기의 장내 세균군에서 가장 중요한 요소로 여겨진다. 비피더스는 '갈라지다'라는 뜻을 가진 라틴어인데 Y자형의 모양에서 기원한 것이다.

물론 모유는 무엇보다도 아기에게 필요한 영양물이다. 또한 산모의 젖은 아기를 감염으로부터 보호하고 나아가 아기의 장내 세균군을 형성한다는 것도 명백한 사실이다. 장내 미생물을 촉진시키는 것 이외에도 모유 속을 헤엄치는 항체와 항균 단백질은 장내 세균군을 강화시킨다. 비피더스 박테리아는 모유 수유를 한 유아의 장내 세균군의 90%를 차지한다.

1970년대 초에는 살충제 DDT와 같은 오염물질이 모유에 함유되지 않았을까에 대한 두려움이 컸다. 그래서 우리 어머니를 포함해 많은 부모들이 모유 수유를 하지 않았던 것이다. 그렇지만 현대에 와서 모유가 아이들의 건강에 미치는 이로움은 널리 인정받고 있다.

☀ ⟍⟍⟍ 면역체계의 도우미

　　인간의 몸에 살고 있는 미생물이 긍정적인 성질도 갖고 있다는 것은 1960년대에 이르러 과학계에서 서서히 확립된, 비교적 역사가 짧은 깨달음이다. 이전까지 미생물은 인체의 유기물질을 먹고 살며 그것을 괴롭히는 일종의 기생충으로 취급되었다.

　당시 미생물에 대해서는 아무것도 알려져 있지 않았다. 다소 생뚱맞게 느껴지는 '미니 공동체'라는 용어는 1988년에 처음 등장한 것으로 보이는데, 특히 해충 관리에 관한 연구에서 도드라진다. 당시에는 미생물을 아무도 우리 면역체계의 도우미라고 부르지 않았다. 그 이후로 많은 일들이 있었다. 이제 우리는 출생 시 아기가 엄마의 질 속 세균군, 심지어 엄마의 대변을 통해서도 기초적인 면역체계를 갖춘다는 사실을 알게 되었는데, 이는 혼수품이나 처음으로 장만한 집의 가구 인테리어보다 훨씬 중요한 요소다.

　인간의 몸에 살고 있는 미생물들은 3세 정도가 되면 거의 자란다. 이 시점부터 마지막 숨을 내쉴 때까지 우리 몸속에서는 미생물이 함께 살아간다. 하지만 출생 시 이런 자연 예방접종을 받지 못하는 아기들은 어떻게 될까?

　제왕절개로 태어난 신생아가 알레르기나 다른 질병에 노출될 위험이 더 큰 것은 확실하다. 이들 신생아들은 또한 감염에도 취약하다. 이후 이들이 알레르기, 천식 또는 제1형 당뇨병에 걸릴 위험도 분명 훨씬 더 크다고 볼 수 있다.

그렇기 때문에 제왕절개 수술 후 특이한 조치를 취하는 의사들이 점점 더 늘어나고 있다. 즉 아기가 첫 울음소리를 낸 후 산모의 질 분비물을 아기의 몸에 바르는 것이다. 이처럼 자연분만을 통한 출산 시의 박테리아 접종을 시뮬레이션하는 방식의 이런 '질내 박테리아 뿌리기'가 정말로 유용한지 여부는 아직 분명하지 않다.

☀ ——— 미생물: 별도의 기관

하지만 이 주제는 뜨거운 논쟁거리가 될 것으로 보인다. 왜냐하면 독일의 경우 거의 3분의 1의 신생아가 제왕절개를 통해 태어나기 때문이다. 나를 포함한 미생물학자들의 견해는 매우 분명하다. 의학적인 이유로 제왕절개가 꼭 필요한 경우가 아니라면 자연분만 방식이 가장 좋다는 것이다.

그러나 현재로선 미생물을 둘러싼 야단법석이 어떻게 진행되고 있는지 그 방향이 확실하지 않다. 인체 미생물 연구는 현대 미생물학에서 큰 비중을 차지할 뿐 아니라 생물학과 의학에서도 중요하게 다루어지고 있다.

실제 상호작용 경로는 거의 추적된 바가 없지만 미생물은 여전히 그 구조와 활동이 인간의 건강과 질병에 크게 기여하는 별도의 기관으로 간주되고 있으며 이는 사실이기도 하다. 오늘날 우리가 알고 있는 질병 중 체내 미생물의 구성이 변하지 않는 병은 거의 없다. 미생물 테스트는 현재도 그렇지만 앞으로도 혈액 테스트처럼 의학적 진단의 기준이 될 것이다.

하지만 미생물 연구가 진정한 돌파구를 찾기까지는 아직 시간이 더 필요하다.

생쥐에 대한 연구를 통해 우리는 임신 중 항생제 투여는 방사선 폭탄이 떨어진 후와 마찬가지로 태아 생쥐의 미생물 다양성을 대폭 감소시킨다는 것을 알 수 있었다.

허리케인이 옥수수밭을 황폐화하는 것처럼 항생제가 우리의 장 내 식물을 황폐화시킨다는 사실은 오래전부터 알려져 있다. '좋은' 박테리아든 '나쁜' 박테리아든, 항생제는 구분하지 않는다. 우리 장 내의 박테리아 동물원이 극명한 상처에서 회복하기 위해서는 몇 달 의 시간이 필요하다.

그렇다면 임산부는 태아와 태내 미생물에게 해를 끼치지 않기 위해 항생제를 투약하지 말아야 하는가? 그건 분명 아니다. 당연히 여기에서도 위험성을 따져보아야 한다. 심각한 감염의 경우 항생 제 투약을 포기하는 것은 분명 더 치명적인 결과를 불러올 수 있다. 단지 미생물 연구의 결과, 항생제를 경제적이면서도 신중하게 사용 해야 한다는 것을 강조할 수밖에 없다(제3장에서 보다 자세히 다루겠다).

여러 질병을 거치면서 미생물의 구성과 활동에도 변화가 생긴다는 사실은 의심의 여지가 없다. 하지만 실질적인 연결고리는 아직 명확하게 밝혀지지 않았다. 전형적인 닭과 달걀의 문제를 여기에 적용시킬 수 있는데, 질병과 미생물의 변화 둘 중 무엇이 먼저인지는 알 수가 없다.

하지만 미생물의 구성이 실제로 신체의 질병에 의해서만 반응한다고 가정해보자. 의학 진단에 좋은 소식이 아니겠는가? 일단 박테리아의 움직임을 더 잘 이해하게 되면, 우리는 특정 질병에 대한 결론을 좀 더 쉽게 찾을 수 있을 것이다. 어쩌면 가까운 미래에 우리는 미생물을 혈액 사진처럼 읽을 수 있을지도 모른다.

매혹적인 전망을 약속하는 또 다른 적용 방식도 있다. 예를 들어, 범죄 해결을 위해 미생물을 이용하려는 법의학 전문가들이 있다. 이는 확실히 매력적인 아이디어라고 볼 수 있겠다. 미생물들은 매우 개인적이며 우리 인간은 놀라운 방식으로 주변 미생물을 구성하기 때문이다. 가령 호텔방에서 3시간만 머물더라도 거주자의 미생물 지문을 확인할 수 있다.

하지만 내가 말했듯이 꽤 많은 요소들이 우리의 박테리아 군집에 영향을 미치고 있으며, 그것은 지문과 달리 항상 똑같지는 않다. 따라서 이에 대한 연구 방식 또한 지금까지는 별다른 진전이 없었다. 또 하나 독일의 연구자로서 내가 언급하고 싶은 것은 독일과는 달리 미국에서는 이에 관한 프로젝트에 환상적인 연구자금이 조달되고 있다는 것이다.

사실 범죄자를 밝혀내기 위한 이런 시도는 칭찬받을 만하다. 하지만 미심쩍은 미생물 식단에 관한 요리책으로 건강 마니아들을 유혹하는 것은 기대만큼의 효과가 없을 듯하다. 물론 장내 세균군에 도움이 되도록 무엇이든 시도하는 것은 의미가 있지만, '서구' 식단은 빈 탄수화물과 붉은색 고기, 가공 식육이 지나치게 많이 차지하고 있어 건강에는 별로 도움이 되지 않는 것도 사실이다.

풍부한 채소와 섬유질, 과일, 그리고 생선과 가금류로 이루어진 식단이 건강한 식단의 모습이다. 하지만 수수께끼 같은 미생물이라는 존재도 새로운 행복을 약속하는 데 종종 사용되고 있다. 모든 미생물이 분류되고 정리될 때 비로소 우리는 행복하고 즐거운 삶을 누릴 수 있다는 모토를 따른다면 말이다. 하지만 꼭 그런 것만도 아니다.

☀ ～～～～ 구석기시대로 돌아간다고? 제발 그러지 마세요!

몇 년 전 연구원들은 야노마미족을 발견했다. 이 아마존 인디언 부족은 1만 1,000년 전부터 조상 대대로 밀림 속에서 완전히 고립된 형태로 살고 있다. 미국 미생물학자들이 갑자기 나타났을 때 이들의 평화로운 삶은 방해를 받기 시작했다. 하지만 과학자들은 상당한 발견 성과를 안고 집으로 돌아갔다. 그것은 원주민들의 장내 세균군이 기름칠이 잘 된 기계처럼 작동하고 있다는 사실이었다. 이는 이전의 어떤 인간의 장내에서도 볼 수 없었던 다양한 미생물 덕이었다.

야노마미족처럼 먹고, 야노마미족처럼 마시고, 야노마미족처럼 소화시키고…. 인디언 부족들의 모범적인 라이프스타일을 추켜세우자면 상상력이 모자랄 지경이다. 하지만 나는 우리 모두가 석기시대로 돌아가야 한다고 생각하는 것은 아니다. 현재 우리가 최적의 영양분을 섭취하는 것은 아니지만, 서구 국가들의 기대수명은 사상 최고에 도달해 있기 때문이다. 또한 아동 사망률에 관해서도 야노마미족을 따라잡고 싶은 마음은 추호도 없다.

과학자들은 가끔 웃기는 아이디어를 생각해낸다. 이는 다행스러운 일이 아닐 수 없다. 왜냐하면 우리의 생각이 규칙적으로 정돈된 대열을 이탈하지 않는다면 인류에게 진전이란 없을 것이기 때문이다. 그 아이디어는 내장이 일종의 두 번째 뇌라는 대담한 생각이었다. 기존에 우리는 내장을 소화나 방귀 뀌기, 배변활동을 하는 기관으로만 생각하고 있었기 때문이다. 그런데 인체의 쓰레기장을 어떻게 고도로 정교한 사고기관과 비교할 수 있는가?

사실 우리의 내장은 등뼈보다 더 많은 신경세포를 포함하고 있다. 그리고 점점 더 많은 연구자들이 소화기관과 사고기관이 축을 형성하고 정보를 교환하는 것이 아닌가 추측하고 있다. 여기서 다시 미생물들이 게임에 참여한다. 뇌에 대한 무선 연결은 박테리아나 그 대사물에 의해 자극된 장내 신경의 움직임을 통해 이루어진다. 또 다른 기이한 발견은 이러한 현상이 뇌에 메시지를 보내는 미생물의 능력과 직접 관련된 것으로 보인다.

자폐증이나 우울증, 파킨슨씨병을 앓고 있는 사람들의 장내 미생물 지도는 사람이 짓밟아놓은 화단처럼 괴상한 모양을 하고 있다.

그렇다면 장내 꽃밭을 갈퀴로 말끔하게 정리하면 환자들의 고통이 줄어들 수 있을까? 그렇게 되면 장내 박테리아는 아마도 뇌에 기쁨의 메시지를 보낼 것이다. 여기 아래쪽은 이제 다 괜찮아! 그리하여 삶이 상당히 정상적으로 흘러갈 수 있게 된다.

☀ ─── 건강한 변: 희망의 메신저

의학은 엉망진창으로 균형을 잃어버린 장내 세균군을 제 궤도로 돌려보내는 방법을 알고 있는 듯하다. 그 방법은 대변 이식이다. 환자의 대장을 건강한 기증자의 희석된 대변이 포함된 식염수로 치료한다. 건강한 장내 세균군을 장내에 재주입하는 방법으로는 현재 두 가지가 사용되고 있다. 하나는 관장을 통해 직장으로 주입하는 방법이고, 다른 하나는 코에 관을 넣어 주입하는 방법인데 후자는 대변이 폐로 들어갈 수 있기 때문에 더 위험하다.

많은 동물들은 주위에 널려 있는 배설물을 먹음으로써 장내의 세균군을 활성화시킬 수 있다는 것을 본능적으로 알고 있다. 이미 고대 중국에서는 장 관련 질병을 앓고 있는 사람들이 희석된 대변을 마시는 전통이 있었다.

그렇다면 이 방법은 정말로 구세주일까?

이 접근 방식은 어느 정도의 희망을 약속하기도 한다. 실험 그룹 중에는 적어도 일시적이나마 증상이 호전된 자폐증 환자들도 있고, 잠시 긍정적인 변화를 갖게 된 우울증 환자들도 있다. 하지만 아직 결정적인 돌파구는 열리지 않은 상태다. 또한 오래된 암탉과 달걀 문제, 즉 원인과 결과에 관한 질문도 아직 해결되지 않고 있다.

이미 언급했듯이, 미생물 성분은 많은 요인에 따라 달라진다. 자폐증 환자와 우울증 환자들은 정상인들과 식습관이 다른 경향이 있는데, 이들은 사람들과의 접촉이 적고 외출 빈도도 훨씬 낮다. 이들의 미생물 구성이 다른 이들과 확연히 다른 것은 이런 이유 때문이 아닐까?

그렇다면 건강한 대변 이식 방식이 해결책이 아닐 수도 있다.

만성 장염 환자들을 대상으로 한 클로스트리디오이데스 디피실균(Clostridioides difficile, 클로스트리듐 디피실리균)을 이용한 대변 이식 치료 방식은 지금까지 매우 성공적인 치료법임이 입증되었다. 클로스트리디오이데스 디피실균과 관련된 설사는 주로 병원에서 발생하는, 매우 심각하고 피비린내를 동반하는 장염이다. 전체 병원 환자의 20~40%가 이 세균을 갖고 있다. 보통 건강하고 다양한 장내 세균들은 이들을 잘 관리할 수 있다. 하지만 건강하고 다양한 장내 세균군이 반복된 항생제의 사용으로 훼손되면 클로스트리디오이데스 디피실균은 통제할 수 없이 폭주하고 위험한 장 염증을 일으킬 수 있는 독소를 형성하는데, 이 상태가 되면 치료하기에 너무 늦을 수 있다.

그때 투입되는 건강한 기증자의 장내 세균군은 이러한 야생균을 포획해 성공적으로 재사회화시키는 듯하다. 미생물 연구에 용기를 주는 결과를 통해 이러한 방식이 실제로 매우 현실적인 성과를 거두고 있다는 것을 볼 수 있다.

섹스와 세균:
매우 은밀한 이야기

이미 한 번의 키스로 약 8,000만 개의 박테리아가 서로의 몸으로 옮아간다는 사실이 밝혀졌다. 그 사실을 알아낸 것은 네덜란드의 과학자들이었다. 이 연구가 연구 결과에 주목한 사람들의 애정 행위에 어떤 영향을 미쳤는지에 대해서는 애석하게도 알려진 바가 없다.

왜냐하면 예기치 못한 기회를 통한 이 미생물의 교환이나 전이 방식은 일단 상당히 역겹게 들리기 때문이다. 하지만 미생물학자의 관점에서 보자면 두 사람 사이의 이 작은 연구적 교환 방식은 상상할 수 없을 정도의 긍정적 효과를 가져올 수 있다.

나는 아내와 만난 이후로 내 치아 건강이 좋아졌다는 것을 알아차렸다. 내 안에 있는 좀 더 공격적인 구강 성분이 그녀의 덜 공격적인 구강 성분에 의해 절제된 결과일 수도 있다.

이미 우리 몸속의 미생물, 즉 살아 있는 미생물의 전체적인 조화가 우리 건강과 성생활에 중요한 영향을 미친다는 분명한 징후들은 있다. 의사와 미생물학자들은 이제 막 인간과 미생물 사이의 친밀한 관계를 좀 더 깊이 이해하기 시작했다.

같이 사는 커플의 피부에 서식하는 미생물은 서로 비슷해지는 것으로 나타났다. 캐나다의 연구자들은 어떤 참가자들이 서로 관계를 맺고 있는지를 거의 86% 확률로 짐작할 수 있다고 말한다.

커플 간의 박테리아 문화가 가장 일치되는 부분은 발이다. 비록 에로틱함을 반감시키긴 하지만 침대에서 커플용 모직 양말을 신는 일반적인 형태가 그에 영향을 미친 것인지는 확실하지 않다.

☀ ────── 여성 허벅지의 신비

여기서 주목할 만한 것은 성별의 차이다. 가령 여성의 피부에는 남성보다 훨씬 다양한 박테리아가 존재한다. 아마도 여성의 경우 피부 pH가 약간 더 높은 것이 주된 이유라고 짐작된다. 우리 몸의 가장 중요한 기관이기도 한 피부는 건강한 상태에서는 기름이나 땀과 같은 체내에서 분비되는 물질로 인해 약산성을 유지한다. 미생물들은 산성이 덜한 환경을 훨씬 더 살기 좋은 환경이라 여긴다.

하지만 미생물학의 미스터리는 이것으로 풀리지 않는다. 그런데 캐나다 생물학자들은 미생물이 성별에 따라 다른 특성을 지닌다는 것을 여성의 허벅지 주변부에서 발견했다. 이 부위에서 채취한 박테리아 샘플을 통해 연구 대상의 성별을 100% 확실하게 알아맞힐 수 있을 정도였다.

박테리아의 밀도가 높은 인체의 상위 목록에는 장과 구강 부위가 올라 있다. 3위는 여성의 음부로 피부보다 더 높은 순위다. 열려 있는 신체 조직으로서 여성의 음부는 미생물의 관문이라 할 수 있다. 일반적으로 사춘기에는 원치 않는 외부의 침입자들을 막기 위해 젖산 박테리아의 보호군이 구축된다.

침입한 적군 박테리아를 죽이기 위해, 이 근위병 박테리아는 일반인들에게 머리카락 탈색제로도 알려져 있는 과산화수소를 생산한다. 하지만 이 경비병들이 기력을 잃게 되면 혐기성 생물이라 부르는 나쁜 녀석들이 침입한다.

이들은 여성의 생식기에 많은 손상을 입히기 위해 굳이 산소를 필요로 하지 않는 박테리아다. 그 결과 질은 보통 가드네렐라 바지날리스(Gardnerella vaginalis)균에 감염된다. 이 달콤한 이름은 세균의 파괴성과 아무런 관련이 없는 듯하다. 하지만 이 혐기성 생물이 폭발적으로 증식하면 생식기 감염에 의한 불순물 증가나 생리주기의 불규칙, 염증, 심지어 불임까지도 유발할 수 있다.

과학자들은 또한 질 속 세균군에 문제가 있는 여성에게서는 HIV 예방 효과가 현저하게 떨어진다는 사실을 발견했다.

그렇다면 질 속 세균군은 왜 무질서해지는가? 항생제의 사용이 문제의 원인일 수 있다. 의학적 충격요법은 나쁜 균 옆에 있는 좋은 균도 죽이기 때문이다. 이 경우 젖산 박테리아도 함께 죽는다.

하지만 최근 과학자들은 또 다른 원인에 주목하고 있는데 이성과의 무방비 성관계(콘돔 등을 사용하지 않는 성관계-옮긴이)가 바로 그것이다. 여기서 말하는 것은 고정된 배우자와의 무방비 성관계가 아니다. 연구자들이 이야기하는 것은 원나이트 스탠드와 같은 관계다. 이 연구를 진행한 한 여성 연구원은 이 같은 형태의 성관계를 '질에 대한 공격'이라고 불렀다. 이는 문화적 투쟁과도 같다.

그 같은 진술의 배경은 확실하다. 비록 남성의 음경이 여성의 질만큼 박테리아로 가득 찬 것은 아니지만 남성의 성기 부분에도 미생물이 있고 이 미생물군이 성관계 중 여성의 질로 침투하는 것이다.

☀ ～～～ 음경: 이해하기 어려운 신체의 일부분

과학자로서, 특히 미생물학자로서, 나는 두 연인이 만나 에로틱하고 관능적인 쾌락 속으로 빠져들 때의 위험을 보지 않을 수 없다. 우리 입장에서는 섹스와 그와 관련된 체액의 교환은 거대한 미생물 교환의 장이라고 볼 수 있다. 약 1ml의 사정된 정액 속에는 약 1,000만 마리의 박테리아가 들어 있다. 질 분비물 1ml 속에는 심지어 1억여 마리의 박테리아가 존재한다.

연구자의 입장에서 보면, 새로운 섹스 파트너의 박테리아에 격렬하게 대항하는 여성의 질 속 세균군의 방어력과 상대의 놀라운 미생물 응집력 중 어느 것이 더 매혹적인지 구별하기는 어렵다.

음경은 미생물학적 관점에서 참으로 이해하기 어려운 신체의 한 부분이다. 그러나 우리가 발견한 한 가지 명백한 사실은, 할례를 받지 않은 남자는 할례를 받은 남자에 비해 음경의 포피 속에 훨씬 더 많은 박테리아를 품고 있다는 것이다.

포피 속에는 미생물계의 악당들이 많이 있는데, 이는 할례와 함께 자동적으로 사라진다.

연구에 따르면 특정 박테리아가 문자 그대로 HIV(인체면역결핍 바이러스)의 수신자 역할을 맡고 있는 것으로 나타났다. 할례를 받은 남성의 경우 면역결핍에 걸릴 위험이 50~60% 감소한다. 적어도 여러 연구에서 이 사실이 입증되었다. 미생물학계에서 이는 꽤 놀라운 소식이다. 왜냐하면 일반적으로 미생물의 세계에 인위적인 개입을 하게 되면 항상 불쾌한 결과가 초래되기 때문이다. 하지만 여기서는 정반대다.

일반적으로, 여자뿐만 아니라 남자의 경우에도 친밀한 세포군이 방해를 받게 되면 이는 염증을 불러일으킬 수 있다. 즉 자연반응이 일어나 면역세포를 염증으로 밀어 넣어 통제하려는 것이다. 하지만 어떤 면역세포들은 이상하게 행동한다. 이들은 적의 HIV에 공격받고 싶다는 명백한 신호를 보내는데, 미생물학자들의 전문용어로 이들은 소위 CD4 수용체를 가진 면역세포들이다.

특정한 상황에서 생식기 부위의 염증이 있을 경우 치명적인 인과관계가 설정된다. 즉 염증이 있을수록 면역세포가 더 많이 움직인다. 면역세포가 중요 부위에 있을수록 CD4 수용체를 가진 의심세포가 더 많이 포함되어 있다. CD4 수용체를 가진 면역세포가 더 많아질수록 HIV가 발생할 위험이 더 커지는 것이다.

☀ 미생물의 섹스

이것들을 보고 있노라면 미생물의 성적 활동에 대해 궁금증이 생기지 않을 수 없다. 미생물학에서 이들은 성관계 없이도 자신의 종을 번식시킬 수 있는 무성생물로 간주된다. 영양 상태가 좋은 세포는 산통은커녕 땀 한 방울 흘리지 않고 약 20분 후에 동일한 유전물질을 가진 두 개의 복제세포로 나뉜다.

생식의 성격과 속도 때문에 미생물은 그 어떤 종보다도 빠른 속도로 번식할 수 있다. 하지만 이 고속 번식 역시 커다란 함정을 가지고 있다. 이들의 번식 방식은 근친상간적인 데다 빠른 성장을 위해서만 고안된 것이다. 그러다 보니 수많은 복제본의 단조로운 군락이 만들어진다. 이렇게 이루어진 공동체는 진화적 딜레마에 직면하게 된다. 종이 성공하려면 본질적으로 유전적 다양성이 확보되어야 하기 때문이다. 성공은 본질적으로 종의 유전적 다양성에 달려 있다.

바로 이런 이유로 미생물은 죽은 동료가 길에 누워 있어도 무슨 일인지 물어보지 않는다. 자신의 유전물질을 풍요롭게 만들기 위해 동료의 잔해를 먹어치울 확률이 높기 때문이다. 이 과정을 분자생물학에서는 변형이라 부른다.

미생물이 자신의 유전적 물질을 물려주는 더 직접적인 방식도 있는데, 여기엔 어느 정도 성적인 요소가 포함되어 있다. 하지만 과학 용어사전에서 볼 수 있는 '접합(conjugation)'이라는 단어에서 볼 수 있듯이 이는 매혹적인 만남과는 거리가 멀다.

세포 성교의 주요 도구는 선모(pilus)다. 라틴어 '필루스'는 체모를 의미하며, 일반적으로 이 부속물의 길이는 본체보다 몇 배나 길다고 볼 수 있다. 주인의 신체 길이의 몇 배에 달한다고 할 수 있다. 선모의 활동이 매우 공격적이고 무례하기 때문에 '투창'이나 '미사일'로 번역되는 '필룸(pilum)'이라는 단어를 사용해도 무방할 것이다. 이들은 갈고리처럼 상대를 낚아채서 긴 창처럼 생긴 남근을 찔러 넣는다.

필루스의 끝에 있는 수용체를 통해 박테리아들은 섹스 파트너를 찾아낸다. 이들의 진짜 목표는 단세포 유기체 안에 포함된 작은 DNA 고리의 복제물질을 전달하는 것이다. 소위 생식 플라스미드라고 불리는 이 유전체가 게놈 일부에 저장되어 있는데, 이 유전체

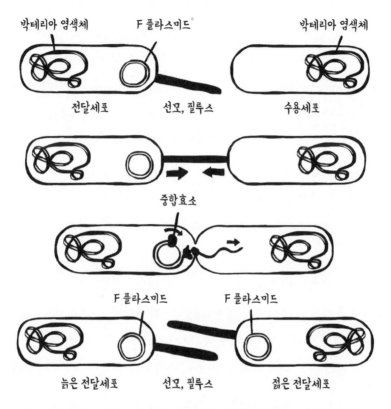

박테리아 염색체　　　F 플라스미드*　　　　　　박테리아 염색체

전달세포　　　　선모, 필루스　　　　수용세포

중합효소

F 플라스미드　　　　F 플라스미드

늙은 전달세포　　　　선모, 필루스　　　　젊은 전달세포

미생물과 박테리아도 섹스를 할 수 있는데, 이는 서로의 유전물질을 교환하는 것이다. 그 예로 접합 활동이 있다. 박테리아가 필루스로 다른 세포를 잡아 접근한 다음 전기적 중성 다리를 만들어 서로의 DNA를 주고받는다. 이를 통해 항생물질에 대한 내성이 한 세균에서 다른 세균으로 옮겨가는 것이다. 플라스미드(자기 복제로 증식할 수 있는 유전인자-옮긴이)는 그러한 저항 정보를 담고 있는 작은 DNA 고리다. 플라스미드는 효소를 통해 2배로 증가된 후 수용세포로 옮겨지고, 그 결과 수용세포는 새로운 기증세포가 된다.

* F 플라스미드: DNA 전달에 필요한 유전자들을 포함하는 접합 플라스미드-옮긴이

는 수용세포에 일종의 힘을 가한다.

공격적인 미생물이 짝짓기에 적합한 박테리아를 어떻게 발견하는지는 여전히 수수께끼로 남아 있다. 지금까지 알려진 바로는 강제적인 접합의 희생자들도 이후에는 사냥꾼으로 탈바꿈해 다른 박테리아를 자신들의 유전적 물질로 감염시키려 한다. 과거에는 무해했던 박테리아들도 성폭행이 발생한 후에는 분노에 불타는 세포로 변모하는데, 이것이 인체에 위험을 초래할 수 있다. 이 새로운 유전물질로 인해 항생제에 대한 내성이 전염될 수 있으며, 그 결과 병원 환자들에게 큰 위협이 가해질 수 있는 것이다.

우리 모두는 이미 그러한 변화가 실제로 일어나고 있음을 경험했다. 오래된 유전자와 새로운 유전자 물질의 결합으로 악성 병원체가 갑자기 출현할 수 있는 것이다. 2011년 5월부터 7월까지 독일 북부를 강타한 장출혈성 대장균(EHEC) 박테리아 감염의 파동이 특히 위협적인 예라고 볼 수 있다. 당시 3,000명에 가까운 사람들이 피비린내 나는 설사병에 걸렸고 53명이 사망하기도 했다. 마침내 병원균의 근원으로 이집트산 호로파 씨앗의 싹이 확인되었다. 그 후 이 채소에게는 오명이 씌워졌다.

이 재난에 대한 책임은 궁극적으로는 바이러스였을 것이다. 아마 이집트 어딘가에서, 알려진 EHEC 변종에서 특히 인간의 장에 잘 달라붙는 다른 대장균으로 독성을 가진 유전자 정보가 전달되지 않았을까 한다. 그리하여 극도로 독성이 강하며 공격적인 괴물 세균이 탄생했다. 파괴적인 잡종 복제물질이 언제든지 존재할 수 있다는 것은 무서운 일이다. 당신이 이 책을 읽고 있는 동안에도 박테리아 섹스를 통해 세상 온갖 곳에서 세균의 형태를 가진 괴물들이 태어나고 있다.

그런데 앞에서 언급한 바이오필름도 여기서 중요한 역할을 한다. 미생물이 모여 있는 후끈거리는 이 환경에서 단세포 유기체들은 서로의 공통점을 더 빨리 찾고 적합한 상대를 더 잘 찾아내 자신들의 유전자를 성공적으로 전달한다.

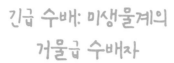

긴급 수배: 미생물계의 거물급 수배자

지구상에는 약 1조 종의 미생물이 있는 것으로 추정된다. 따라서 단세포 생물은 그 다양성이 단 한 종으로 이루어진 우리 인간보다 훨씬 크다. 대부분의 미생물들은 우리에게 해롭지 않으며 그들 중 일부는 유익하고 심지어 도움이 되기도 한다. 하지만 어떤 악당들은 우리의 삶을 비참하게 만들 수 있는 잠재력이 상당하다.

여러 사교 모임에서 얻은 나의 경험을 말해보자면 대부분의 사람들은 무서운 세균들의 이야기를 좋아한다. 그래서 여기, 가장 역겨운 세균 상위 10위권에 들어 있는 박테리아 왕국의 악동이자 최고 거물급 수배자 미생물 목록을 올려본다.

살모넬라

다진 고기 속의 적: 살모넬라

당신이 과학자로서, 식물이나 별 혹은 이전에는 알려지지 않은 공룡 종, 아니면 상당히 역겨운 설사를 일으키는 박테리아 중에 자신의 이름을 붙일 기회를 얻는다면 어떤 선택을 할 것인가?

미국의 수의사인 대니얼 엘머 살몬(Daniel Elmer Salmon)의 경우 선택권이 있었던 것 같지는 않지만, 살모넬라균의 발견에 있어서 그가 결정적인 역할을 했기 때문에 세균 역시 그의 이름을 따서 명명되었다.

살모넬라균은 부패하기 쉬운 음식의 저장 방식이 제대로 작동하지 않던 시기에 나타난 정말 지독한 전염병의 병원균이었다. 그 시기는 부엌과 육류 가공공장의 위생 기준도 오늘날에 비해 훨씬 더 느슨했다. 1992년까지만 해도 독일에서 살모넬라균 감염 건수는 19만 2,000건이었다. 2014년의 감염 인원은 겨우 1만 6,000명으로 과거의 10분의 1도 채 되지 않았다!

특히 여름 햇볕에 오래 노출된 감자 샐러드와 달걀 요리는 살모넬라 병원균에게 이상적인 번식지다. 과거에는 닭고기가 훨씬 더 큰 위험요소였다. 하지만 2006년 이후 유럽에서 달걀을 낳는 암탉에게 백신을 처방한 것이 살모넬라균의 감소에 크게 기여했다고 추정할 수 있다.

노로바이러스와 달리 살모넬라균은 피해를 입히려면 같이 작업

할 수 있는 좋은 팀이 있어야 한다. 그러려면 병원균이 수만에서 수백만 마리까지 필요하다. 하지만 실제로 병원균이 효력을 발휘하면 매우 빠른 시간 안에 몸이 불편해질 수 있다. 때로 심한 구토와 설사가 시작될 때까지 몇 시간밖에 걸리지 않는 경우도 있다. 그런데 건강한 여성과 남성의 경우는 대개 며칠 침대에 누워만 있어도 회복이 가능하다. 하지만 면역체계가 약한 사람이나 아이들, 그리고 고령자들에게 이들 병균은 더 심각한 영향을 미칠 수 있다.

하지만 병에 걸릴 위험은 몇 가지 기본적인 규칙만 명심하더라도 최소화할 수 있다. 상하기 쉬운 음식은 항상 냉장고에 넣어두는 것이 좋은데, 약 4℃ 정도의 온도가 이상적인 보관온도다. 갈아놓은 고기나 티라미수는 한나절만 햇볕을 쬐더라도 곧장 쓰레기통으로 직행해야 한다.

살모넬라의 성수기는 여름이다. 그릴에 생닭을 올려놓은 집게로 샐러드를 집는 것은 물가에 아이를 내놓는 격이다. 그러므로 포크나 바비큐 집게는 뜨거운 물로 씻어 깨끗하게 헹구는 것이 좋다.

살모넬라 병원균은 생명력이 질긴데다 대부분은 과소평가되어 있다. 이들은 날달걀뿐만 아니라 껍데기에서도 살고 있다! 우리가 잘 모르는 사실이 있는데, 그건 바로 새 외에도 이구아나, 거북이 혹은 뱀 등도 살모넬라균에 매우 쉽게 오염될 수 있다는 것이다. 이들 동물을 먹는 경우는 극히 드물지만 이국적인 반려동물로 기르는 경우는 종종 볼 수 있다.

노로바이러스
전천후 노로바이러스

노로바이러스는 진정한 가족 바이러스다. 가족 중 한 명이 바이러스에 감염되었다면 다른 모든 가족들도 그에 감염된다. 이 엄지의 법칙은 꽤 믿을 만하다.

유치원에 다니는 아이가 구토를 시작했다면 나머지 가족들에게 그나마 있는 희망이란 아이를 지하실에 격리시키는 것이다. 세 아이의 아버지인 나는 이 말의 의미를 잘 알고 있다.

만약 노로바이러스가 진짜 살인자라면, 몇 달 안에 모든 인간을 박멸시킬 수 있을 정도로 완벽한 조건을 가지고 있다. 높은 열과 추위에도 견딜 수 있고, 문 손잡이나 장난감 혹은 다른 사물의 표면에서 몇 주 동안이나 생존할 수 있으며, 감염되기 위해서는 10~100마리 정도의 바이러스 입자면 충분하다. 한쪽 눈으로 20m 밖에서 노로바이러스를 쳐다보기만 해도 감염이 될 정도다.

하지만 이 정도는 약과다. 집에 어린아이가 있다면 가정생활이 한동안 힘들다고 볼 수 있다. 일단 위아래로 토하고 설사하는 아이를 돌보느라 정신이 없을 것이고, 아이가 다시 건강을 되찾으면 당신도 며칠 동안 침대에 드러누울 수 있다. 기운 빠지는 일이다. 한 가지 조언을 하자면 힘들 땐 다른 이에게 도움을 청하되 무슨 문제인지는 말하지 마라.

노로바이러스는 항상 나를 매료시켜왔다. 단 한 명이 감염되어도 최대한의 피해를 입힐 수 있기 때문이다. 가령 요리사 한 명이 감염되었다 하더라도 회사의 크리스마스 파티는 완전히 망가질 수 있다.

2012년 세몰리나 푸딩의 냉동 중국산 딸기로 인해 동독 학교에서 전례 없는 노로바이러스 대량 감염 사태가 발생했다. 약 1만 1,000여 명에 달하는 어린이와 청소년들이 심한 구토와 설사 증세에 시달린 것이다.

건강한 사람이라면 노로바이러스에 감염되었다 하더라도 불편한 경험을 할 수는 있지만 위험한 지경에 이르는 경우는 거의 없다. 게다가 의사나 세균학자도 아직 그 이유를 정확히 알지 못하지만 노로바이러스는 주로 겨울철에 공격해온다. 그러므로 약간의 행운과 좋은 타이밍만 따라준다면 크리스마스를 가족에게 시달리지 않고 침대에서 보낼 수도 있다!

캄필로박터
닭에 대한 공포: 캄필로박터

유행하는 박테리아 감염으로 치러야 할 대가만큼 터무니없는 가격이 있을까? 캄필로박터도 그런 예에 속할 것이다. 살모넬라균은 감염 건수가 감소하고 있음에도 불구하고 여전히 사람들의 입에 오르내리지만 캄필로박터는 상대적으로 덜 알려져 있는데, 이는 '구부러진 막대'라는 뜻을 가진 이 박테리아의 이름이 발음하기 어려워서일 수도 있다.

독일연방위해평가원(BfR)은 연간 최대 7만 5,000건의 의학 감염 사례를 집계했다. 그런데 최근 몇 년간 그 수가 급격히 증가했다. 특히 18~25세 사이의 젊은이들이 많은 영향을 받고 있었다. 전문 가들은 이에 대해서 요즘 젊은이들이 가정위생의 가장 기본적인 원 칙을 지키지 않기 때문이라는 진단을 내리고 있다.

가령 캄필로박터균은 닭에서 발견된다. 많은 사람들은 그 바이 러스가 얼마나 위험한지 아직 모른다. 처음에 이 균은 위장 감염을 유발한다. 우리 몸은 캄필로박터 병원균에 대한 항체를 형성하는 데, 이것들이 때로 우리의 신경세포를 공격할 수도 있다. 최악의 경 우 이는 신경질환을 유발하는데, 이른바 '길랭-바레(Guillan-Barré) 증 후군'은 캄필로박터균에 의한 명백한 마비 증상이다.

이에 대해 잘 아는 치킨 마니아들은 부엌에서 익히지 않은 닭을 손 질하는 것은 매우 오염되기 쉬운 물질을 다루는 것과 같다는 사실을 안다. 닭과 접촉한 모든 것들은 깨끗이 씻거나 쓰레기통에 버려야 한 다. 익히지 않은 닭다리를 손으로 집어 그릴에 올려놓은 다음 새로 도 착한 친구를 악수로 맞이하는 것은 절대 하지 말아야 할 행동이다.

소의 젖에서 따뜻한 생우유를 직접 짜서 마시는 것이 요즘에는 꽤 인기를 얻고 있다. 원하는 우유를 소에서 직접 짜서 마실 수 있다 면 우리가 왜 낙농업을 지원하겠는가? 당신이 우유의 열처리 과정 을 피하고 싶다면 캄필로박터의 존재도 감수할 각오를 해야 한다.

이는 생우유 위에 떠 있을 수도 있다. 따라서 임산부나 면역결핍자들은 가능한 한 생우유를 삼가야 한다.

로타바이러스
피할 수 있는 로타바이러스

부모들은 종종 아이가 아플 때면 병원에 데리고 가는 것이 좋을지에 대해 묻곤 한다. 로타바이러스는 노로바이러스와 증세가 비슷하지만 주로 신생아와 유아들을 공격한다. 신생아와 유아들은 지속적인 구토와 설사 때문에 탈수 증세를 일으키는데, 로타바이러스에 감염된 3세 미만의 아동 중 절반가량은 반드시 병원에 가야 한다.

하지만 새로운 구강 백신으로 인해 아기들이 고통을 피할 수 있게 되었다. 노로바이러스와는 달리 로타바이러스의 변종은 실험실에서 번식 유도가 가능한데, 이것이 백신을 개발하는 데 도움이 되었던 것이다.

로타바이러스 또한 감염을 위해서는 약간의 바이러스 입자만이 필요할 뿐이다. 하지만 다른 가족들에게 감염될 위험이 크지 않다는 점에서 다른 악성 세균들과 다르다. 또한 로타바이러스는 어린 아이들이 구토를 하지 않도록 조치함으로써 중요한 위험요소를 제거할 수 있다.

로타바이러스와 같은 나쁜 세균과 관련해 의사들은 '접촉 감염'이라는 용어를 사용했다. 접촉 감염은 단어 자체만으로도 많은 이들에게 혐오감을 불러일으킨다. 하지만 실제로 이는 기저귀를 갈 때와 같이 사소한 행위를 통해서도 쉽게 전염될 수 있다는 것을 의미한다. 여기서도 가장 오래된 위생수칙이 위험을 상당히 낮출 수 있다. 그것은 바로 손을 씻는 행동이다.

대장균
야누스의 머리, 대장균

세상에는 착하기만 한 사람도 나쁘기만 한 사람도 없다. 이 진실이 세균에게도 적용된다면 대장균에게도 마찬가지다. 이 박테리아는 세계에서 가장 유명한 박테리아로 악명이 높다. 대부분의 대장균 변종은 전혀 해롭지 않은데, 특히 원래의 자리에만 머물러 있다면 더할 나위 없이 안전하다. 우리 모두는 대장균을 체내에 가지고 있으며, 1g의 대변에는 약 10억 마리의 대장균 세포가 있다.

하지만 이 박테리아의 특정한 변종이 제자리를 벗어날 때 이는 큰 위험을 초래할 수 있다. 가령 대장균이 요로에 들어가면 방광염을 일으킬 수 있다. 장과 요로와의 해부학적 근접성이 크기 때문에 여성은 남성보다 방광염에 걸릴 위험이 더 크다.

2011년 독일 북부에서 53명의 사람들이 사망한 이유는 샐러드용

호로파 씨앗의 싹이 위험한 변종 세균에 오염되었기 때문이다. 이후 약칭 EHEC(장출혈성 대장균, Enterohemorrhagic Escherichia Coli)가 화제에 올랐다. 이보다 덜 알려진 것은 용혈성 요독 증후군을 의미하는 HUS(Hemolytic Uremic Syndrome)라는 약어다. EHEC 병원균은 즉각적으로 피가 섞인 설사를 유발하고 신장 손상을 일으켜 생명을 위협하는 질병으로 발전할 수 있으며 이후에는 뇌졸중까지 이어질 수 있다.

EHEC 외에도 다양한 대장균 변종들이 있는데, 이들의 이름은 UPEC, ETEC, NMEC, EPEC 등으로 마치 유엔의 연계 조직처럼 들린다.

독일에서 식중독균으로 인해 수십 명이 사망했다는 것은 그야말로 대사건이다. 하지만 우리가 잘 알지 못하는 게 있는데, 개발도상국에서는 매년 수백만 명의 사람들이 대장균 박테리아로 사망한다는 사실이다. 아이들은 대변에 오염된 식수로 인해 치명적인 설사를 동반하는 이 병에 감염되는 것이다.

독일 병원에서도 대장균은 해악을 일으킨다. 유아동에게 뇌막염과 방광염, 만성 장질환을 유발시키며, 특히 패혈증이라 불리는 무서운 혈중 중독을 일으킬 수 있다.

하지만 이런 대장균도 반전을 보이기도 한다. 대표적인 프로바이오틱스인 니슬 대장균(Escherichia coli Nissle)의 경우 염증을 예방하고 침략자들과 싸우기 때문이다. 대장균이 식품보조제와 미생물촉진제로서 제2의 역할을 담당하는 것도 그 이유 때문이다.

독감 바이러스
카멜레온 같은 인플루엔자 바이러스

복싱에는 '효과적으로 펀치를 날린다'라는 표현이 있다. 이는 급소를 제대로 강타한다는 말이다. 2017년과 2018년은 독감이 효과적인 펀치를 날린 시기라고 할 수 있다. 33만 명 이상이 독감에 걸렸으며 그중 약 1,700명이 죽었다. 무서운 기록이다. 몇 주 동안 독일 일부 지역에는 비상 사태가 발령되었다. 운전사들이 독감에 걸려 많은 버스와 기차가 운행을 하지 못했다. 일시적으로 문을 닫는 사무실도 속출했다. 독감으로 사망하는 의료진이 속출하는 바람에 수술실이 폐쇄되고 급기야 수술을 하지 못하게 되는 병원도 생겼다.

이론적으로만 보자면 독감이 그렇게 나쁘지만은 않다. 독감 백신이 나와 있기 때문이다. 하지만 불행히도 독감균은 끊임없이 변종을 만들어낸다. 각 계절마다 발생하는 독감에 대한 백신이 이 같은 변이 속도와 보조를 맞추기는 불가능하다. 그러므로 마지막 재앙의 시나리오는 어쩌면 유행 독감의 형태로 나타날 수 있다.

독감의 결과로 나타나는 합병증은 보통 통계에서 언급되지 않는다. 가령 치명적인 결과를 초래하는 폐렴의 경우 박테리아의 강도 높은 감염에 의해 발생한다.

환자들은 여전히 독감과 증세가 비슷한 유행성 감기를 혼동해 사용하고 있다. 유행성 감기는 바이러스 감염으로 인한 것이며 보통 3, 4일 후면 모든 것이 정상으로 회복된다.

하지만 독감은 그야말로 치명적인 강펀치다. 엄격한 직업윤리를 가진 독일 사람조차도 직장에서 비실거리며 일을 할 정도로, 독감은 우리 인체에 악영향을 미친다. 어쩌면 독자들 중 1995년에 제작된 영화 〈유주얼 서스펙트〉에 나오는 멋진 인용 문구를 알고 있는 이도 있을 것이다. "악마의 가장 큰 속임수 중 하나는 사람들이 그가 존재하지 않는다고 믿게 만드는 것이었다." 이 문장은 독감과 잘 어울린다. "그저 콧물이 좀 흐를 뿐이야." 많은 이들이 대수롭지 않게 말하며 직장이나 작업실로 힘겹게 몸을 이끈다.

하지만 치명적인 독감 바이러스는 이런 식으로 더 많은 희생자를 낳게 되는데, 이들이 조금이라도 휴식을 취했더라면 예방이 한결 쉬웠을 것이다.

포도상구균
좀비 세균이라 불리는 황색포도상구균

현미경으로 보자면 황색포도상구균은 황금빛 포도를 떠올리게 하는데, 이 세균의 좋은 점이라고는 그것 단 하나다.

사실 우리 중 3분의 1가량은 이 세균을 체내에 품고 산다. 황색포도상구균은 특히 코 점막에 둥지 틀기를 좋아한다. 물론 세균이 단지 그곳에만 머무른다면 모든 것이 수월할 것이다.

하지만 이 박테리아가 열린 상처를 통해 우리의 혈액 속으로 침투하게 되면 매우 불편한 상황이 도래한다. 이 병원균은 언제든 패혈증을 유발할 수 있다. 또한 포도상구균은 괴사성 근막염(Necrotizing fasciitis)을 유발시키는 것으로도 유명하다. 이 질병은 이름만큼이나 끔찍하다. 환자는 말 그대로 산 채로 썩어간다. 다중 약물 저항성을 가진 포도상구균의 성질로 인해 항생제도 별 도움이 되지 않는다. 이 병에 걸린 환자는 환부를 절단하거나 감염 부위를 완전히 제거하는 수밖에 없다.

이 병원체는 또 다른 질병을 유발시키기도 한다. 포도상구균은 적혈구의 헤모글로빈을 파괴하고 혈액 속의 철 성분을 앗아가기도 한다. 이는 피부 종기와 수막염, 폐렴, 요로 감염 등을 일으킨다.

그런데 놀라운 전환점이 찾아왔다. 포도상구균 중에는 이 반사회적인 친척의 엉덩이를 걷어차는 종류도 있다는 것이 발견된 것이다. 기본적으로 착한 이 세균은 표피포도구균(Staphylococcus epidermidis)으로 불리며 인간의 콧속을 지배한다. 그곳에서 표피포도구균은 사촌인 포도상구균을 자신의 특별한 효소로 죽인다. 이는 좋은 뉴스라고 볼 수 있다. 하지만 좋지 않은 소식도 있다. 모든 사람이 콧속에 이 같은 구세주를 모시고 있는 것은 아니라는 사실이다.

곰팡이
비밀 병균: 곰팡이

매주 일요일에 발행되는 《옵저버(Observer)》에서는 유명인사들에게 멸종된 것을 되살릴 수 있다면 무엇을 선택할 것인가에 대한 질문을 한 적이 있다. 대답은 상당히 놀라웠다. 많은 이들이 '예의'라는 답을 했기 때문이다.

나는 그리 유명한 인사도 아니기 때문에 아무도 나에게 그 같은 질문을 하지 않았다. 하지만 나름의 답을 준비하고 있다. 그것은 다름 아니라 몇십 년 전만 해도 완벽하게 일반적인 것으로 여겼던 간단한 위생수칙을 되살리는 것이다. 이는 손을 씻는 행위와 더불어 주택에 환기시설을 잘 설치하는 것도 포함된다.

다행스럽게도 가난한 가족들이 '건조한' 아파트에서 살아야 하는 시대는 지났다. 하지만 진지하게 생각해보자. 환기가 제대로 되지 않아 건강에 좋지 않은 습기가 스며들어 있는 아파트도 상당히 많다. 그 결과 곰팡이가 자라게 된다. 욕실의 타일 접합부에 있는 곰팡이는 문제도 되지 않는다. 오히려 보이지 않는 벽지 이면이나 옷장 뒤에 번져 있는 곰팡이가 더 위험할 수 있다.

꽃가루 알레르기 계절은 시작되지도 않았는데 아파트에 있을 때 눈이 자주 아프고 콧물이 흐른다면 어쩌면 당신은 곰팡이의 희생자일지도 모른다.

일반적으로 곰팡이 감염은 병원균으로 과소평가되고 있다. 스코

틀랜드 과학자팀은 한 연구에서 전 세계적으로 이 세균이 매년 약 50만 명의 사망자를 양산한다는 사실을 발견했다. 이는 놀라운 일이 아닐 수 없다. 동식물 세계에서는 곰팡이와 기생충의 파괴적인 영향이 오랫동안 알려져 왔다. 그럼에도 불구하고 인간은 곰팡이 감염과 싸울 수 있는 더 나은 백신을 아직 만들지 못하고 있고, 선택할 수 있는 곰팡이 억제 활성성분도 극히 소수다.

요충
역겨운 기생충: 요충

이 기생충은 '나는 당신이 보지 못하는 것을 본다'라고 하는 유명한 문구에 완벽하게 부합된다. 특히 아이들이 이 기생충의 영향을 많이 받는다. 나는 여러분들이 보지 못하는 것을 볼 수 있다. 이것은 흰색이고 길이가 1인치 정도 되며, 실처럼 얇고 엉덩이에서 기어 나오기도 한다!

전 세계 모든 사람들의 약 50%가 적어도 일생에 한 번은 요충의 공격을 받게 된다. 이들은 종종 아이들에 의해 집 안으로 들어오게 되는데, 아이들은 어디에나 손을 갖다 대고 나중에는 그 손가락을 입에 넣기도 하기 때문이다.

요충은 엄청나게 흉측한 외관을 하고 있는데, 집 안에 요충이 있기를 바라는 사람은 아무도 없을 것이다. 하지만 이러한 혐오스러운 외관이 우리가 육안으로 볼 수 있는 사소한 피해와 반드시 비례하는 것은 아니다. 게다가 구충제를 복용하기만 해도 이들은 쉽게 제거될 수 있다.

리스테리아균
임산부의 공포: 리스테리아 및 톡소플라스마증

　　여성들이 임신 중에만 고통을 받고 출산과 함께 모든 짐을 벗을 수 있는 것은 아니다. 이에 더해 몇몇 악성 세균들이 여성들의 출산 부담을 더 가중시키고 있으니 그야말로 운명의 부당함이라 부를 수 있을 것이다. 리스테리아균과 톡소플라스마증(Toxoplasmosis, 원충에 의한 사람과 동물의 공통 전염병. 임산부가 감염될 경우 사산이나 심각한 태아 기형을 초래할 수 있다.-옮긴이)이 바로 이들인데, 이들의 해악은 아무리 경고를 해도 지나치지 않다.

　　보통은 둘 다 큰 위험은 아니다. 하지만 임산부에게 이들 기생충의 침입은 대재앙이나 마찬가지다.

　　일반 대중들 사이에서는 거의 알려지지 않은 리스테리아는 아마 가장 묵묵한 존재 중 하나일 것이다. 산소가 필요하지도 않고 절대적으로 영양소가 부족한 환경에서도 살아남을 수 있다. 이들은 보통 큰 사업체 설비에서 볼 수 있지만 고무로 된 밀봉 기구나 식물들, 퇴비나 폐수 속에서도 산다. 큰 추위나 열도 이들을 해치지 못하며

70℃가 넘는 온도에서만 이들을 멸균할 수 있다.

자연이 유연하지만 동시에 아무짝에도 쓸모없는 이 같은 세균을 왜 만들어냈는지에 대해서는 아무도 대답할 수 없다. 임산부는 앞에 언급한 장소에서 생산되었을 가능성이 있는 생우유나 미리 썰어놓은 샐러드, 훈제 및 양념된 생선과 같은 음식을 가급적 피해야 한다.

이 조언은 또한 모든 날고기 종류나 고양이 배설물에도 적용된다. 왜냐하면 이곳이 톡소포자충(Toxoplasma gondii)의 놀이터이기 때문이다. 일단 우리 몸은 이들 기생충에 감염되면 즉시 항체를 형성한다. 첫 번째 감염은 실제로 이 같은 상황에서 매우 치명적일 수 있다. 톡소포자충은 임신 중인 성인에게는 아무런 해를 끼치지 않지만 태아에게는 심각한 해를 끼칠 수 있기 때문이다.

옴(소양충)
역사적 전염병: 옴

난해한 질문을 하나 던져보자. 나폴레옹 보나파르트도 이 기생충으로 인한 피부병으로 고생했다는 것을 안다면 옴으로 인한 괴로움이 좀 더 매력적으로 느껴질까?

나폴레옹은 아마도 전쟁터에서 옴에 감염되었을 것이다. 이후 그는 심각한 결벽증에 시달렸다고 한다. 오랫동안 옴은 타락하고 불결한 자들의 낙인과 같이 여겨졌다. 하지만 이는 근거 없는 믿음일 뿐이다. 이 기생충을 초대하는 것은 지저분한 피부가 아니라 건조한 피부이기 때문이다. 그러므로 누구나 이들에 감염될 수 있다. 거미발이 달린 이 작은 진드기는 손가락과 발가락 사이의 피부, 팔꿈치와 겨드랑이에 있는 피부 속을 기어 다니며 길을 낸다. 이들은 또한 생식기 주변에 사는 것을 좋아한다.

만약 우리가 '옴(Scabies)'이라는 용어의 평범한 기원을 안다면(라틴어로 Skabere는 '가렵다'는 뜻이다.) 이들 기생충이 피부에 침입하는 것도 덜 드라마틱하게 여겨지지 않을까?

하지만 오래전에 멸종되었다고 여겨진 가려움과 긁적거림을 불러오는 이 기생충 감염 사례는 현재 다시 증가하는 추세다. 바르머 의료보험사는 2016년부터 2017년까지 옴 감염 사례가 3만 8,000건에서 6만 1,000건으로 증가했다고 보고했다. 또한 점점 증가하는 퍼메트린(Permethrin) 함유 크림의 수요를 보아도 이런 현상을 확인할 수 있다. 퍼메트린 크림은 옴을 며칠 안에 없앨 수 있다. 그러므로 당신은 나폴레옹처럼 청결 강박증에 시달릴 필요가 없다. 나폴레옹 장군은 훨씬 덜 효과적인 수은 팩 치료를 받았다.

2

세균은
혼자 오지 않는다

결국 무장해제를
해야 하는 이유

단도직입적으로 물어보자. 당신은 실제 어떤 식으로 예방을 하는가? 잠깐, 당신이 생각하는 것과 달리 이건 위생에 관한 질문이다. 그렇다고 사람들이 종종 오해하는 것처럼 청소의 기술에 대한 것은 아니다. 위생학은 굳이 말하자면 전염병 예방과 건강의 증진, 통합을 위한 과학이다.

그리스 신화에 따르면 히기에이아(Hygieia)는 치료의 신 아스클레피오스(Asclepius)의 딸이다. 히기에이아도 가족의 전통을 이어받아 건강관련 부서에서 일했다. 즉 약사들의 수호신이 된 것이다. 무엇보다 그녀의 이름은 청결성을 상징한다. 가정에서건 지하철에서건 직장에서건 비위생적인 환경이 만연하다면 될 수 있는 한 빨리 이를 바꿔야 한다.

하지만 위생이란 게 정확히 무엇인가? 늘 소독약을 곁에 두고 있어야만 생활이 가능한 사람들도 꽤 존재한다. 이처럼 증가하는 위생에 대한 경계심을 발판으로 삼아 형광녹색과 노란 네온 빛의 합성물질을 소비자들에게 제공하는 화학산업은 우리에게 무균 가정이라는 환상을 심어주면서 이익을 얻고 있다.

☀ ⸺ 감염공포증에 걸린 사람들의 나라

하지만 이 책의 독자들은 이미 더 잘 알고 있을 것이다. 무균 상태란 불가능하다는 것을. 우리는 수천 가지 다른 종류의 세균들과 함께 살아간다. 부엌 수세미 하나에도 수십억 개의 미생물이 살고 있다(이는 다음 장에서 더 자세히 살펴볼 것이다). 우리는 끊임없이 세균들에게 둘러싸여 있다. 심지어 집 안의 가장 후미진 구석에서도 말이다.

그렇다면 그게 그렇게 나쁜 것일까?

물론 병원이나 집이나 할 것 없이 항균보호조치가 필요하다고 주장하는 '고전적인 위생주의자'들은 분명 그렇다고 할 것이다. 샤워기 헤드에 있는 레지오넬라나 벽지 뒤의 곰팡이 혹은 냉장고 속의 살모넬라균은 튼튼하고 건강한 사람에게는 해가 되지 않음에도 말이다. 하지만 이것은 너무 근시안적인 생각일 수 있다.

왜냐하면 우리는 점점 더 감염에 취약해지고 있기 때문이다. 어째서 그런가? 2040년경에는 65세 이상의 노인이 독일에만 2,300만 명 이상이 될 것이다. 요즘 들어서는 젊은 환자들이 병원에 머무는 시간도 점점 더 늘어나고 있다. 유럽질병예방통제센터(ECDC)는 매년 50만 명의 환자들이 병원 감염 진단을 받고, 약 1만 5,000명이 그 결과로 사망한다고 말한다. 어떤 연구 결과는 이 숫자의 거의 2배를 추정하기도 한다.

이 공포스러운 목록의 맨 위에는 패혈증, 폐렴, 요로 감염, 상처 감염 등이 있다. 우리 보건관리 체계의 중심인 병원이 서서히 공포의 집이 되어가고 있는 것이다.

법률 및 민간 의료보험은 환자 개인에게 일괄적 보상의 형태로만 지급하기 때문에 비용상의 이유로 점점 더 많은 환자들이 집에서 치료를 받는다. 2015년 한 해만 해도 그 숫자는 거의 300만 명에 달했는데, 앞으로 그 수는 더 크게 증가할 것으로 추정된다.

따라서 가정에서도 의미 있는 소독 조치가 점점 더 중요해지고 있다. 기이하게도 위생의 측면에서 우리는 이상한 분열 상태에 놓여 있다. 우리는 사회 전반에서 세균과 박테리아에 대한 두려움을 엿볼 수 있는데, 이는 때로 공포증으로까지 이어진다. 병원성 미생물에 대한 이러한 불안은 전국의 약국에 어느 때보다 많이 공급되고 있는 청결제 및 소독제를 보면 알 수 있다.

다른 한편으로 우리는 해로운 박테리아로부터 자신을 보호할 수 있는 기본적인 행동들을 점점 더 소홀히 하고 있다. 아이가 있는 가정이라면 누구나 잘 알고 있을 것이다. 어린아이들에게 규칙적으로 손을 씻는 습관을 들이는 데는 놀라울 정도로 세심한 교육이 필요하다. 귀찮은 이 일상적 행동을 피하기 위해 장난꾸러기 아이들은 손 씻는 흉내를 내며 그저 몇 초간 물을 틀어놓기도 한다. 어쩌면 상당수의 어른들도 그런 행동을 하고 있을 것이다.

약 30년 전쯤 위생 연구 분야는 잘 확립되어 있는 것처럼 보이던 기존의 관점을 뒤집고 등장한 새로운 관점으로 인해 술렁거렸다. 우리 또는 우리 아이들은 지나치게 멸균된 환경에서 살고 있지 않은가?

☀ ──── 도전받고 있는 면역체계

1989년이 우리에게 역사적인 해로 기억되는 것은 단지 베를린 장벽이 무너졌기 때문만은 아니었다. 거의 비슷한 시기에 데이비드 P. 스트라찬(David P. Strachan)이 쓴 논문은 전문가나 전공자들뿐 아니라 일반인들의 귀조차도 쫑긋하게 만들었다. 영국의 전염병학 교수인 그의 이론이 우리 모두의 일상과 관련되어 있었기 때문이다. 스트라찬은 서구 문명 속 무균 상태의 가정에서 자라난 아이들이 미래에는 환자들을 확산시킬 것이라고 주장했다. 또한 도시에는 점점 아이들이 줄어들게 될 것이다. 역설적으로 들리지 않는가! 그러나 스트라찬은 어린 시절의 낮은 세균 환경이 몇 년 후에는 매우 바람직하지 않은 방식으로 그 존재를 드러낼 것이라 예측했다. 이를 거의 30년 전에 이미 알아차린 것이다.

전염병학자들의 추정에 따르면 자녀가 한두 명밖에 없는 가정에서는 상호간에 필요한 만큼의 세균 감염이 이루어질 수 없다고 추정했다. 스트라찬은 임상적으로 청결한 상태에서는 청소년들이 천식이나 꽃가루 알레르기를 비롯한 여러 알레르기에 시달릴 확률이 훨씬 높아진다는 가설을 내세웠다.

예상한 대로 고전적 위생주의자들은 이 같은 가설을 자신들의 아성에 대한 도전이라고 여겼다. 영국의 과학자 스트라찬이 세균이라는 주제에 대해 해설자로서의 권위를 가지고 있기라도 한 듯 여러 전문가나 일반인들은 스트라찬의 발견에 '위생 가설'이라는 명칭을 붙이기도 했다.

그런데 흥미롭게도 스트라찬의 논문에서 '위생'이라는 용어는 본문이 아닌 제목에서만 등장한다. 어쩌면《꽃가루 알레르기, 위생 그리고 집의 크기(Hay fever, hygiene, and household size)》라는 논문 제목의 운율을 맞추기 위해 위생이라는 단어를 사용했을 수도 있다.

그의 논문은 오늘날까지도 정서적 진리처럼 받아들여지고 있다. 현대인의 생활방식이 어떤 면에서는 반자연적이며, 길 잃은 개나 고양이들과 함께 아이들이 거리에서 뛰어놀던 시절, 아이들이 더 자주 병에 걸리던 시절이 나았다고 말하는 것이다.

그런 과거가 정말로 존재했는지, 아니면 환상에 가까운지에 대해서는 제쳐두기로 하자. 위생 가설이 등장한 지 20년이 지나 로테르담 에라스무스대학의 소아과 의사 요한 드 용스테(Johan C. de Jongste)는 그 기본적인 가정에 대해 반박했다. 드 용스테는 태아기 단계부터 거의 10년의 기간에 걸쳐 연구해온 약 3,500명의 아이들의 기록을 토대로 평가를 내렸다.

☀ 조기 감염으로 인한 경화는 없다

그의 연구에서 중요한 부분은 아이들이 몇 살부터 유치원의 보살핌을 받는지에 대한 것만은 아니었다. 형제자매의 수도 연구자들에게는 중요한 고려사항이었다. 처음에는 스트라찬의 가설이 입증되는 것처럼 보였다. 생후 2년 동안 어린이집에서 보살핌을 받은 아이들은 집에 머무른 다른 또래들보다 호흡기 감염에 걸릴 확률이 2배나 높았다.

형제자매가 있는 아이들의 경우 감염 위험은 4배까지 증가했다. 하지만 소위 위생 가설이 제시한 것처럼 초기의 감염이 이후의 삶에도 똑같이 영향을 미치는 것은 아니었다. 연구에 참여했던 아이들을 8세가 될 때까지 연구한 결과 유치원에 다니는 아이들이 알레르기와 천식에 걸릴 위험은 집에서 지내는 아이들과 비슷하다는 사실이 발견되었다.

그럼에도 불구하고 현대의 위생 기준에 의문을 제기해온 단체는 이 연구로 힘을 얻었다. 왜냐하면 그동안 상대화의 과정을 거쳐 위생 가설은 이른바 '옛친구 가설(Old friends Hypothesis)'로 대체되었기 때문이다. 이렇게 친근한 이름을 가진 이론이니 어느 정도의 진실이 있다고 추정할 수 있겠다.

이 가설의 대표자들은 오늘날 우리가 특정 박테리아나 몇몇 장내 기생충들과 같은 '오랜 미생물 친구'들과 접촉할 기회를 놓치고 산다며 불평한다. 하지만 그 이유는 전염병학자 스트라찬이 추정한 것처럼 출생률 감소로 인한 아이들의 부족과 가정위생 증가 때문만이 아니다. 재앙을 가져온 가장 커다란 원인은 지난 수십 년 동안 서구 사람들이 적대적인 미생물로부터 보호하기 위해 만들어온 거대한 멸균 지역에 있었다.

여기에는 인류 역사상 그 어느 때보다 안전하다고 여겨지는 필터 처리된 신선한 공기와 정화수도 포함된다. 2011년 대장균으로 인한 전염병을 통해 볼 수 있듯이 요즘에도 여전히 음식으로 인해 불쾌한 충격을 받곤 한다. 100년 전이나 50년 전의 식품 공급 방식과 비교하자면 오늘날 슈퍼마켓에서 공급되는 고도로 멸균 처리된 식품은 상대적으로 그 위험이 매우 적다.

☀ ⸺ 잘못된 방식의 화학적 단절

우리는 자연의 도전에 맞서 완벽해 보이는 방호벽을 구

축해왔다. 하지만 여전히 수많은 사람들의 면역체계는 점점 놀라울 정도로 나쁜 상태에 빠진다. 옛친구 가설을 대표하는 사람들이라면 바로 "그 때문이야!"라고 말할 것이다. 환경오염, 스트레스, 비만과 같은 질병은 확실히 이에 기여한다.

하지만 센 화학약물로 우리를 둘러싸고 있는 미생물 동식물군을 근절하는 것이 그리 현명한 전략이 아니라는 사실은 점점 분명해지고 있다. 예방 목적 외에 구체적인 이유 없이 이런 전략을 사용해서는 안 된다는 것은 확실하다.

가령 면역체계를 자극하는 많은 비병원성 미생물이 매우 유용하다는 것은 오래전부터 잘 알려져 있다. 우리의 면역체계가 적대적인 방어시스템이라기보다는 미생물과의 의사소통 시스템에 더 가깝다는 것은 인간의 미생물 연구에서 나온 핵심적인 깨달음이다. 그런데 의사소통이 한 방향으로만 진행된다면 얼마나 곤란한 일이겠는가! 이는 우리 모두가 이미 경험한 적이 있을 것이다.

그런데 불행하게도 항균제나 소독제, 항생제를 아무 생각 없이 성급하게 사용할 때마다 유익한 박테리아들은 죽고 만다. 좋은 세균들이 나쁜 세균들을 극복하는 데 도움을 줄 수 있다는 징후가 곳곳에 있는 데도 말이다.

이탈리아의 미생물학자들은 병원 표면을 세척하는 데 있어 화학세정제를 사용함으로써 대부분 단기적인 성과를 거둔다는 것을 입증했다. 하지만 중장기적으로는 나쁜 결과가 좋은 결과를 넘어서고 있다. 50% 이상의 병원성 세균이 곧바로 다시 돌아왔고 마블 코믹스에 등장하는 녹색 괴물 헐크처럼 다시 공격할 때는 훨씬 더 그 힘이 강력해진다.

사악한 세균은 화학 공격에 대한 저항력을 키워 더 이상 쫓아낼 수 없을 정도가 되었다. 이와는 대조적으로, 살아 있는 미생물이 함유된 생균제 물질로 청소할 때 더 많은 이점을 얻을 수 있었다. 연구원들은 세 가지 종류의 세균이 들어 있는 팅크제(알코올에 혼합해 약제로 쓰는 물질-옮긴이)를 사용해 병원균을 공격했다. 이 박테리아 혼합 청소부들은 단세포 적들을 맹렬하게 공격했다. 그리고 결과는 성공적이었다. 병균성 세균의 90%가 영원히 사라진 것이다!

☀ ～～～ 미생물을 위한 공유 아파트, 우리 집

이탈리아 동료들의 흥미로운 연구는 우리가 대부분의 시간을 보내는 생활공간에 대해 새롭게 이해할 수 있도록 길을 열어주었다. 미국의 한 시범 연구에서 과학자들은 아홉 군데의 다른 장소에 있는 40개의 집에 대한 샘플을 채집했다. 그 결과 연구원들은 7,726종의 박테리아 종을 볼 수 있었다. 이러한 미생물의 다양함은 인간의 내장에서 볼 수 있는 다양성과 일치한다.

집에 대한 미생물 채집 결과, 문과 텔레비전에서 가장 다양한 미생물이 발견되었는데 아마도 그건 이 두 곳이 가장 먼지가 잘 쌓이면서도 청소를 잘 하지 않는 장소이기 때문일 것이다. 실내 미생물들은 주로 사람과 반려동물들에 의해 길러진다. 그밖에 공기와 집 먼지, 먹는 물, 우리 발바닥의 흙이나 신발, 집에 들여온 음식도 이 광대한 미생물 제국에 영양을 공급한다.

따라서 우리의 집은 내장과 마찬가지로 통과하기 어려운 번잡하고 시끌벅적한 공간이자, 건강에 도움을 주는 미생물 유기체와의 복잡한 동반자 관계를 유지하고 있는 삶의 현장이라고 보는 것이 맞을 것이다.

2003년 미국의 저명한 생물학자 제프리 고든(Jeffrey Gordon)은 과학 전문 기사를 통해 "당신의 공생자를 존중하라."고 요구했다. 15년 전만 하더라도 우리의 장내 미생물에 대한 존중을 요구하는 것은 상당히 대담한 요구였다. 하지만 그 후 우리는 박테리아와 세균, 기생충이 우리의 건강을 위해 중요한 역할을 하고 있다는 사실에 눈을 뜨게 되었다. 이제 다음과 같이 비슷하게 대담한 표어를 붙일 때가 오지 않았을까? "미생물 룸메이트를 존중하라!"

반세기 전만 하더라도 미생물 네트워크가 인체와 가장 친밀하게 상호작용하며 우리를 둘러싸고 있다는 생각은 상상조차 할 수 없었다. 왜 미생물이 집이나 아파트에 존재하는 것이 불가능하단 말인가?

인체의 미생물에 대한 비밀이 밝혀지려면 아직 요원하지만 미생물학자들은 벌써 건조 환경(Built Environment) 미생물을 새로운 연구

목표로 겨냥하고 있다. '건조 환경'이란 인간의 손으로 만든 모든 것을 일컫는다. 지구상의 얼지 않은 토지 면적의 약 6%는 집, 병원, 사무실, 관공서, 슈퍼마켓, 산업 공장, 스포츠 시설, 호텔, 수영장, 기차역, 기차, 지하철 등이 차지하고 있으며, 잠수함이나 원격 연구 우주정거장도 이 같은 건조 환경에 속한다.

엄청나게 다양한 인공 서식지는 끊임없이 증가하고 있다. 이 거대한 인공 서식지는 약 2만 년 전 인류가 정착생활을 시작하면서 구축되었다. 오늘날 선진국 국민들은 일생의 약 90%를 실내에서 보낸다. 그러므로 우리의 건강을 위해 과학이 어느 때보다 생활공간에 더 많은 주의를 기울여야 할 것이다.

☀ ⸺ 극단의 기후조건을 가진 우리 집

만약 기후적인 관점으로 지구상에서 가장 극단적인 장소가 어디인지 학생들에게 물어본다면 이들은 아마 북극이나 아마존 혹은 고비 사막이라고 대답할 것이다. 그런데 우리 가정이 자연보다 더욱 극단적인 환경을 만들어낸다고 누가 생각할 수 있겠는가?

바깥 기온이 영하 20℃인 추운 겨울 아침에 25분 동안 아파트 창문을 열고 공기를 환기시킨다고 가정해보자. 이후 창문을 다시 닫고 난방장치를 켜면 아파트는 25℃까지 가열되고 따뜻해진다. 이렇게 짧은 시간 안에 45℃라는 극한의 기온 변화가 일어나는 장소가 또 어디에 있겠는가?

또 다른 예를 들어보자. 얼얼한 환기시간이 끝나고 가족들이 아침 식탁에 마주 앉는다. 테이블 위에 빵 부스러기, 잼, 크림치즈의 찌꺼기뿐 아니라 바닥에 떨어진 버터 덩어리, 거기에 스크램블드에그까지 더해진다. 그 후에는 가족 중 누군가가 와서 난장판을 치운다. 뜨거운 물과 산뜻하게 뿌려지는 중성세제로 인해 이미 영양분이 풍부한 서식지는 화학적으로 정제된 사막으로 변모했다. 이처럼 미생물로 가득 찬 풍요의 땅이 죽음의 계곡으로 삭막하게 변하는 장소를 우리는 다른 어느 곳에서도 찾을 수 없을 것이다.

건조 환경에서는 극한의 환경 조건과 가파른 경사, 그리고 협소한 공간에서 엄청나게 변화하는 조건을 전형적으로 만나볼 수 있다. 우리 미생물은 이 때문에 스트레스를 많이 받는다. 그 스트레스가 어떤 결과로 귀결되는지 현재의 연구만으로는 알 수 없다. 그러나 조금 불안한 것은 이 같은 역행적이고 극단적으로 요동치는 조건 속에서 어떤 식으로든 해악을 입힐 수 있는 슈퍼 세균이 탄생할 수 있다는 것이다.

어쩌면 이 과정은 이미 한창 진행 중일지도 모른다. 진화 미생물학자들은 인체 내부의 미생물들이 반려동물처럼 진화했을 가능성이 있다고 믿는다. 인류 역사 속 2만 년은 이러한 발전을 위한 충분한 시간일 것이다.

하지만 미생물학적 기초에 대한 우리의 지식은 아직까지 형편없다. 마치 작은 플래시로 어두운 터널을 비추고 있는 것과 같다고나 할까. 달에도 갈 수 있고 심장 이식도 가능한 수준이지만 우리 몸에 깃들어 사는 작은 세입자들에 대해서는 아직 아는 것이 거의 없는 실정이다.

☀ 〰〰〰 좋은 벌레는 곰팡이와 싸운다

동물의 세계를 들여다보면 어느 정도 도움이 될 것이다. 어떤 동물들에게는 체내의 미생물이 무엇보다 중요한 역할을 한다. 예를 들어 지렁이들은 음식을 섭취할 때 미생물을 이용한다. 지렁이는 식물의 잎을 당겨 소화관 속으로 끌어들여서 박테리아로 하여금 소화되게 한다. 만약에 그런 일이 우리 집에서도 벌어진다면 다소 불안하긴 할 것이다. 가위개미도 미생물의 덕을 톡톡히 보고 있다. 이들은 자른 나뭇잎 위에 버섯이 자라도록 해서 그것을 먹고 산다.

정원을 가꾸는 사람들 중 다수는 대칭형으로 이루어진 영국식 잔디밭 사이에 조그마한 친환경적 공간을 만들어놓는다. 숲이나 초원에 서식하는 친구들이 뛰어놀 수 있는 꽃밭을 조성하는 것이다. 그렇다면 우리 집이나 아파트에 미생물들을 위해 그런 공간을 마련해주는 것도 한 번 생각해볼 수 있지 않을까?

위생학자들은 집 내부의 '중점관리기준(Critical Control Points)'에 대해 강조한다. 이곳은 특별히 청결을 유지해야 하며 병원성 세균의 위험에 각별히 신경 써야 하는 곳이다. 그렇다면 미래에는 '착한' 세균과 접촉할 수 있는 '통제된 접촉점'을 마련해보는 것도 생각해볼 수 있을 것이다.

미래의 미생물학 가정관리 실험실을 들여다보는 것은 영국 정보 기관 MI6의 개발 부서에서 Q 박사가 만든 굉장한 신식 무기와 신기한 자동차를 제임스 본드 007이 들여다보는 순간을 연상시킨다. 가령 착한 바실루스균을 품고 있는 벽지는 집 안을 축축하게 만드는 곰팡이와 싸우게 될 것이다. 또한 귀한 박테리아를 배양하는 카펫은 우리와 아이들이 그 위에서 뒹구는 동안 병균에 대한 예방접종을 해줄 것이다.

장내 세균군 이상 증세가 있는 환자에게 대변 이식을 하면 놀라운 효과를 볼 수 있을 것이다. 또한 언젠가는 위생에 취약한 공간에 건강한 실내 미생물들을 이식시키는 것도 가능해질 것이다. 가령 베를린의 아파트 뒷마당에 슈바르츠발트 농장에서 옮겨온 건강한 집 먼지를 풀어놓는 방식을 시도해보는 것이다.

병원에 '미생물 재활 공간'을 설치해 수술 후 환자에게 미생물 공동체를 공급하고자 하는 아이디어도 등장했다.

이 모든 것이 미래의 비전일 수 있지만 한 가지는 점점 더 명확해지고 있다. 지금보다는 좀 더 우리의 미생물 친구들에게 존경과

감사의 마음을 가져야 한다는 것이다. 그러니 집 안의 위생 문제를 원자폭탄으로 해결하려는 도널드 트럼프식의 방식을 내려놓도록 하자.

한스-디트리히 겐셔(Hans-Dietrich Genscher)를 기억하는 사람이 있는가? 1974년부터 1992년까지 독일의 외무부 장관을 역임했으며, 항상 노란색 조끼를 착용하고 외교 및 위기 억제의 달인으로 활동해온 겐셔 장관 말이다. 겐셔 장관과 같이 행동한다는 것은 상황을 잘 살핀다는 뜻이다. 미생물을 억제하는 것과 촉진하는 일이 서로 균형을 잘 이루어야 한다는 것이다. 그러니 힘의 균형을 위해 견제를 시작하자! 훌륭한 외교관이 되자! 이는 우리의 건강에 매우 유익할 것이다.

세계에서 가장 큰 벌아 호텔: 주방용 수세미

아이들이 반려동물을 원하는 것은 당연하며 정원에 조랑말이나 햄스터를 키우는 것은 아이들의 꿈일 것이다. 어떤 반려동물도 키울 수 없다면 쥐도 괜찮을 것이다. 한 소년이 있는데 그가 키우는 반려동물의 이름은 마고였다. 그런데 마고는 부엌 수세미다.

이 사실에 화를 내기는커녕, 소년의 어머니는 이 수세미에 대한 아들의 애착을 인터넷에 공개했다. 주방용 수세미는 복잡한 생태계로 구성되어 있기 때문에 여전히 존중받고 인정받을 가치가 있다고 그녀는 주장했다. "반려동물이 없는 우리에게 부엌 수세미는 작은 개나 고양이 역할을 대신할 수도 있어요. 적어도 박테리아를 노출시키는 것에 관해서는 말이죠." 소년의 어머니 조안나는 심각한 표정으로 얘기했다.

조안나는 제정신이 아닌 것일까?

조안나 그녀의 아들을 개인적으로는 알지 못하지만, 이 이야기는 나의 흥미를 불러일으켰다. 왜냐하면 나 또한 부엌 수세미 이야기로부터 완전히 자유롭지 못하기 때문이다. 2017년 여름, 몇몇 동료들과 나는 처음으로 수세미의 엄청난 세균 배양 능력을 증명하는 연구를 발표했다. 이 주방 보조기구 안에는 $1cm^3$당 최대 540억 마리의 박테리아가 살고 있다.

☀ 대변 샘플과 맞먹는 박테리아의 밀도

한 가지 비교를 해보자. 20만 년 전 지구상에 호모 사피엔스가 출현한 이후 오늘날까지 약 1,000억 명의 사람들이 살았다. $2cm^3$ 크기의 수세미에는 지구상에서 살아왔던 인구보다 더 많은 수의 박테리아가 살고 있다. 동일한 생물량 밀도를 얻으려면 그랜드캐니언에 3조 명에 달하는 인구를 밀어 넣어야 할 것이다.

이 세상은 이런 발견을 감당할 준비가 되어 있는가? 이 놀라운 발견에 대한 보도자료의 오타만 보더라도 미생물 영역에서의 '많음'과 '적음'에 대한 세간의 일반적인 지식이 얼마나 부족한지를 우리는 알 수 있었다.

$1cm^3$당 세균 수가 $5.4×10^{10}$마리라는 표현 대신에, 보도자료에는 수세미에서 $1cm^3$당 5.4×1,010마리의 박테리아를 발견했다는

문구가 담겨 있었다. 그 계산에 따르면 수세미에 담긴 세균의 수는 5,454개가 될 것이다. 미생물학자의 관점에서 볼 때 이는 터무니없이 적은 수다. 하지만 일부 언론은 여전히 이 계산법을 그대로 받아들였고 계산 결과에 충격을 받았다. 부엌 수세미 1cm³당 5,454마리의 세균이 있다니!

그런데 진정 충격을 안겨준 사실이 다른 연구 결과에서 비롯되었다. 수세미에서 발견되는 박테리아의 밀도와 비견할만한 것은

부엌 수세미는 세균을 위한 천국이다. 부엌 수세미 2cm³ 안에는 지구상에 살았던 인간의 수 전체를 합한 것보다 많은 세균이 있다.

오로지 사람의 대변 샘플밖에 없다는 것이다.

《뉴욕타임스》편집장이 연구가 발표된 지 몇 주 후에 나에게 전화를 한 것도 아마 그 때문일 것이다. 수세미의 위생 문제는 미국에서 매우 심각한 문제라는 것을 알아야 한다. 미국인들은 거의 종교적인 열정으로 수세미의 청결 문제에 혼신의 힘을 기울이고 있다.

자칭 전문가들이 나와서 부엌 수세미의 미생물을 박멸하는 방법에 대해 교육하는 블로그나 유튜브 영상은 수없이 많다.

《뉴욕타임스》편집자는 나에게 수세미가 쓰레기통으로 가야 할 때를 어떻게 판단하는지 물었다. 나는 농담 삼아 "수세미가 걷기 시작할 때"라고 말했다. 나는 유명한 호러영화 〈폴터가이스트 (Poltergeist)〉에 나오는 것처럼 식탁 위 마법의 손에 의해 스테이크가 움직이는 장면을 떠올렸다. 《뉴욕타임스》편집자에게 내 말이 농담이라는 것을 설명하는 데는 오랜 시간이 걸렸다.

《뉴욕타임스》에 발표된 나의 이 짧은 이야기는 사실 재미있는 방식으로 질문에 답변하기 위한 것이었다. 수세미에서는 왜 냄새가 나는가? 이는 아마도 곰팡이 냄새가 나는 박테리아 모락셀라 오슬로엔시스(Moraxella osloensis)가 두드러질 때의 현상일 것이다. 이 냄새는 때때로 세탁한 다음 습기가 많은 장소에 세탁물을 보관할 때도 난다.

　　나는 비교적 짧은 보고서가 불러온 파장을 놀라움과 불신에 뒤섞인 채 멀리서 지켜보았다. 보고서의 저자는 걱정에 휩싸인 독자들로부터 너무나 많은 편지를 받았다.

　내용을 살짝 조정한 두 번째 글이 발표되었다. 하지만 한 가지 사실은 그대로였다. 부엌 수세미가 미생물의 핫스폿이라는 사실이었다. 위생학자들이 말하는 '중점관리기준'은 전문가의 관점에서 볼 때 건강에 대한 위험이 도사리고 있기 때문에 항상 주의 깊게 살펴야 하는 집 안의 중요 공간이다.

　나는 이 주제에 대해 미국인들만 열광했다고 말하고 싶지 않다. 유럽에서도 이 보고서로 인해 공황 상태에 빠졌다. 이 주제가 왜 그토록 많은 관심을 불러일으켰는지 쉽게 설명할 수 있다. 독일에만 4,000만 가구 이상이 살고 있으며, 그들 대부분은 냄새나는 부엌 수세미를 적어도 한 개 이상 혹은 두 개 이상 가지고 있을 것이다. 유럽의 가구 수를 모두 계산해보면 약 2억 2,000만 가구가 된다. 보수적으로 계산해도 약 4억 4,000만 개의 부엌 수세미가 필요하다는 것이다.

　주방용 수세미는 물론 마른 상태에서도 무게가 10g이나 나간다. 그러니 4억 4,000만 개의 부엌 수세미도 어마어마한 힘을 가지고 있다.

　하지만 무엇이 이 주방 도우미들을 그렇게 인기 있는 세균 서식지로 만들었을까? 우리는 실험실에 있는 14종류의 수세미에서 362종의 박테리아를 발견했다. 이런 종류의 상품 속에 깃들어 있을 것이라 예상되는 것보다 개체의 다양성이 훨씬 높았다. 게다가 사용된 수세미 안에 함유된 미생물의 양은 거의 인간 몸 안에 들어 있는 양과 맞먹었다. 그러므로 마고 같은 부엌 수세미는 정말로 자신들만의 미생물을 함유하고 있다고 할 수 있다. 굉장하지 않은가!

독일 슈퍼마켓에서 팔리는 일반적인 주방용 수세미는 대부분 폴리우레탄과 같은 플라스틱으로 만들어진다. 육안으로는 보이지 않지만 현미경으로는 아주 잘 볼 수 있다. 이 물질은 수세미의 표면을 담당하는 무한한 수의 모공을 가지고 있다. 이곳은 미생물이 자라고 퍼질 수 있는 많은 공간을 제공한다.

하지만 부엌 수세미가 세균들에게 어째서 럭셔리 호텔인지 설명하자면 몇 가지 이유가 더 필요하다. 호텔 방의 천장과 바닥, 벽에 습기가 가득 차 있다면 우리는 분명 질색할 것이다. 하지만 박테리아는 습한 곳을 좋아한다. 게다가 수세미는 말하자면 풍요로운 룸서비스도 제공되는 곳이다. 흘린 요구르트 덩어리 하나와 구운 닭고기 육즙 한 방울을 닦는 것만으로도 병원균은 충분한 영양을 공급받는다. 이런 식으로 남은 닭고기에 감사하는 마음으로 미생물 친구들이 캄필로박터(식중독을 일으키는 박테리아) 배양실로 줄줄이 체크인한다.

　　　　　　내 경험으로 보자면 채식주의자들은 고기에 대한 금욕적인 식생활이 부엌 수세미에 자리 잡은 세균 덩어리의 해악을 감소시킬 수 있다고 생각하는 것 같다. 하지만 이는 부분적으로만 사실이다. 물론 고기 속의 악당들은 수세미 바깥에 머무른다. 하지만 우리가 이미 만났던 짓궂은 녀석들은 수세미 안에도 살고 있다.

　예를 들어, 리스테리아균은 식물에도 잠복해 있다. 심지어 과일이나 채소, 상추에도 대장균이 들어 있을 수 있다. 2011년에 크게 유행했던 전염병은 버거나 소시지를 좋아하는 사람들보다는 채식주의 가정에서 발견될 가능성이 높은 호로파 씨앗의 싹에서 시작되었다.

　배설물 박테리아에 오염된 물을 샐러드와 채소를 씻는 데 사용하면 나쁜 결과를 초래할 수 있다. 예를 들어 상추를 아무리 제대로 씻었다 할지라도 싱크대에 가만히 있던 수세미가 오염된 물과 접촉할 가능성이 있다. 그야말로 흥미로운 순환이다. 이렇게 해서 관개수에서 나온 배설물 박테리아가 샐러드와 수세미 속으로 옮겨가는 것이다.

　대장균과 같은 장 박테리아가 부엌 수세미 속에서 발견되는 경우는 상당히 자주 있는 일이다. 이는 대장균이 편안하고 따뜻한 장 바깥에서도 오랫동안 생존할 수 있기 때문이다.

　왜냐하면 부엌이라는 장소는 익히고 굽고, 튀기는 요리 방식으로 인해 집 안의 다른 장소보다 더 따뜻한 경향이 있기 때문이다. 또한 식기세척기나 세탁기가 작동하면서 일시적이나마 주위를 따뜻하게 한다. 온기는 습기와 함께 박테리아를 위한 완벽한 생활환경을 만들어낸다. 그래서 노랑, 파랑, 분홍색 플라스틱 수세미 안에서 미생물들이 잘 번식하는 반면, 우리는 그 안에서 어떤 적들이 성장하고 있는지 눈치조차 채지 못한다. 불행히도 수세미가 얼마나 더러운지 눈으로는 보이지 않기 때문이다.

그러므로 나는 여러분들에게 완전한 진실을 말해주고자 한다. 안전한 위생 환경을 원한다면 수세미는 일주일만 사용하고 쓰레기통에 버리거나 슈퍼마켓에서 새로 사는 것이 가장 좋다. 하지만 이러한 진실을 사람들에게 설명하기는 그리 쉽지 않다. 눈도 깜박하지 않고 3년에서 5년마다 새 차를 사거나 매달 수입의 상당 부분을 옷장을 채우는 데 쓰는 사람들조차도 부엌 수세미 문제만 나오면 기이한 긴축정책을 펼치곤 한다. 그리고 이는 독일의 문제일 뿐 아니라 전체 서구 문명이 처한 현실이기도 하다.

☀ ～～～ 부엌 수세미와 쥐의 공통점

나는 미생물학자지만 때로 치료사가 되어야 할 때도 있다. 알다시피 초콜릿 중독자에게 매일 먹는 초콜릿 바를 금지하는 것은 거의 불가능한 일이다. 하지만 몇 가지 방식을 바꿀 수는 있지 않은가? 가령 수시로 초콜릿 바를 먹는 대신 저녁이 되어서야 자신에 대한 보상으로 하나를 준다면 상황에 진전이 있을 것이다. 이와 비슷한 논리를 적용해볼 수 있다. 수세미가 너덜너덜해질 때까지 사용하고 싶다면 좋다, 그렇게 하시라!

하지만 그럼에도 불구하고 부엌에서 자라고 있는 세균 군단을 멈추게 하는 한두 가지 아이디어는 있을 수 있다. 기본적으로 부엌 수세미와 쥐는 공통점이 있다. 둘 다 생명의 형태로는 극단적으로 적응력이 강하다. 쥐는 핵전쟁에서도 살아남을 수 있다고 한다. 나는 동물학자가 아니어서 이 이론의 진위 여부를 확인해줄 수는 없다. 하지만 한 가지 확실한 것이 있다. 이처럼 수세미 속에 빽빽하게 들어 찬 세균들이라면 아마 핵 공격에서도 상당 부분은 살아남을 것이다. 바로 거기서 문제가 시작된다.

주방용 수세미를 세척하는 데는 여러 가지 방법이 있다. 그리고 기존 세균의 상당 부분도 그 과정에서 죽을 것이다. 하지만 특히 저항력이 강한 소수의 세균은 거의 100%의 확률로 이 공격에서 살아남을 가능성이 있다. 이 문맥에서 '소수'란 무엇을 의미하는가? 만약 수세미를 씻기 전 거의 10조 마리가량의 세균이 모여 있었다면 씻은 후에는 아마 1,000만 마리 정도가 남을 것이다. 이는 원래 숫자의 0.0001%이다.

그런데 1,000만 마리의 생존자도 여전히 많다. 이는 베를린 시민 (350만 명)의 3배에 가까운 수치다. 그리고 당신이 알아야 할 사실은 탈출한 박테리아는 매우 튼튼한 녀석들이라는 것이다.

우리는 연구를 통해 수세미를 씻더라도 그 안에 남아 있는 잠재적인 나쁜 박테리아를 모두 없앨 수는 없다는 사실을 확인했다. 따라서 자주 수세미를 씻는 과정에서 천천히 작지만 저항력이 강한 세균들이 길러지는 것처럼 보인다.

미생물학자들은 오래전부터 극초음파 미생물 현상을 알고 있었다. 이름에서 알 수 있듯이 이것들은 극단적인 환경 조건인 소금 호수, 산성 연못, 화산 온천 또는 얼음 사막에서도 잘 적응하는 미생물들이다. 그렇다면 우리 지구상에서 그런 갑작스러운 기후 변화가 일어나고 있는 곳이 또 어디일지 한 번 추측해보자. 바로 우리 가정이다!

온도, pH 값 또는 화학 성분을 고려해볼 때 이처럼 극단성과 변동성이 존재하는 장소를 다른 어떤 곳에서도 찾아볼 수 없다. 예를 들어 220℃ 오븐에서 피자가 구워지는 동안, 얼마 떨어지지 않은 곳에서는 영하 20℃에서 디저트용 아이스크림이 얼고 있다. 몇 미터 거리에서 거의 240℃에 가까운 가파른 온도의 차이가 존재하는 공간이 자연 속에서는 극히 드물다.

이처럼 좁은 공간에서의 극단적인 환경 조건은 많은 미생물에 상당한 스트레스를 준다. 어떤 미생물은 이러한 환경 때문에 죽기도 한다. 하지만 일부 박테리아는 이러한 극단적인 변화에도 살아남는다. 이런 이유로, 아주 정교한 청소 방법조차도 수세미를 완벽

하게 살균하지는 못한다. 적어도 정상적인 가정의 조건하에서는
그렇다는 얘기다.

☀ ～～～ 말린 수세미

다행히도 새로 구입한 수세미 안에 존재하는 박테리아
의 양은 굳이 언급할 가치가 없을 정도다. 적어도 우리 연구에서는
그 속에 박테리아가 존재한다는 것을 증명할 수 없었다. 텔레비전
프로그램에 출연했을 때 불현듯 나는 세균이 없는 수세미를 만드는
방법을 떠올렸다.

쾰른에 있는 텔레비전 스튜디오에는 그 지역에서 초대된 여러
가족이 있었는데, 먼저 방송팀과 나는 무작위로 초인종을 눌러 이
들의 수세미 샘플을 요청했다. 그리고 우리는 실험실에서 세균들
로 오염되어 있는 수세미를 조사했다. 참가자들은 그 결과에 상당
한 충격을 받았다.

또한 방송 진행자도 수세미 샘플을 제출했다. 그런데 그의 수세
미가 단연코 가장 깨끗한 것으로 밝혀졌다.

그는 방송 전에 막 휴가에서 돌아온 것이었다. 휴가기간 동안 사
용하지 않아 완전히 말라버린 수세미를 우리에게 건넨 것이었는데,
수세미 속 박테리아 군집이 몇 주 동안 어떤 영양소도 공급받지 못
한 결과 아주 미묘한 형태의 파괴가 이루어졌다. 이를 볼 때 부엌에

서 수세미를 여러 개 두고 번갈아 사용하는 것도 괜찮은 방법이다. 물론 쓰지 않는 수세미는 일시적으로 말려서 보관한다.

나는 사람들로부터 수세미 세탁 방법에 대한 정보를 요청받을 때가 많다. 한 번은 가장 일반적인 청소 절차에 관한 목록도 작성한 적이 있다(107쪽 참조). 전에 말한 것처럼 수세미의 세균을 완벽하게 없애는 방법은 없을 것이다. 이는 우리에게 중요한 질문을 하게 한다. 실제로 수세미는 얼마나 위험한가?

조금 불만족스러운 대답이긴 하지만 나의 대답은 "상황에 따라 다르다."이다. 임신 중이거나 질병에 시달리거나 노화로 인해 면역력이 약해진다면 수세미에서 나온 위험한 세균으로 인해 병원에 가야 하거나 심지어 생명의 위협을 받을 수도 있다.

'만약에', '특정한 상황이라면', '가능하다.' 그렇다. 평생 동안 세균이 들끓는 수세미를 손에서 놓지 않더라도 당신에게 아무런 일도 일어나지 않을 수 있다. 어떤 점에서는 당신의 면역시스템을 강화시킬 수도 있다. 우리는 이미 이전 장에서 이른바 위생 가설을 다루었다. 이는 과학자들 사이에서 논란이 되고 있는 가설로, 이미 수십 년 동안 존재해왔다.

☀ ╌╌╌╌ **직사각형 반려동물: 아예 없는 것보다는 낫다**

세균의 위험성을 끊임없이 지적하고 현대의 세제산업

의 축복을 찬양하는 분파가 미생물학자들 사이에도 있다. 반면에 우리의 가정이 정말 무균 상태로 정화되어야 하는지에 대해 의문을 품는 분파도 있다. 이 분파의 전문가들은 아이들이 오히려 진흙 속에서, 돼지와 양들로 가득 찬 농장에서 뛰어놀 때 세균학적으로 이상적인 상태에 도달한다고 믿고 있다. "흙이 위장을 청소한다."거나 "바닥 위에 떨어진 지 5초 이상 지나지 않은 것은 모두 먹을 수 있다."와 같은 거친 속담들도 이 시기에 유래했다.

이 같은 속담들은 경험에 비춰볼 때 쉽게 무시해도 된다. 하지만 어린 시절 다양한 세균 환경을 접하게 되면 이후 알레르기에 대한 면역이 생긴다는 이론은 반증하기 쉽지 않다. 다시 우리의 직사각형 반려동물인 마고(수세미를 칭한다.-옮긴이) 얘기를 해보자. 농담이 아니라 과학적으로 봐서도 이 물건은(독자적인 미생물층도 가지고 있다.) 예전 반려동물들의 빈자리를 채워줄 수 있다. 게다가 몇 가지 이점도 있다. 이 작은 친구는 비싼 음식을 필요로 하지 않고 배설물도 남기지 않으며 항상 밖에 나가자고 조르거나 시끄러운 소리로 이웃들을 괴롭히지도 않는다. 그리고 생명이 다할 때면 값비싼 수의사를 찾아가야 할 필요도 없다.

우리 연구가 언론에서 세계적 주목을 받은 후, 꽤 수다스러운 한 캐나다인이 나에게 연락을 했다. 전화를 건 그는 처음에는 약간 화가 나 있었다. 그는 내가 자신의 사업 아이디어를 망쳤다고 비난했다. 알고 보니 그는 캐나다에서 생산한 인조 수세미로 미국 시장을 정복하려는 야심을 품고 있었던 것이다.

미국에서 판매되는 수세미는 대부분 셀룰로오스를 기반으로 생산된 것이다. 이 부패하기 쉬운 자연산 수세미는 좀 더 공격적인 화학세제와 함께 사용된다. 셀룰로오스로 만들어진 수세미는 물론 독일의 국내 인조 수세미 제품과 마찬가지로 쉽게 세균에 잠식된다. 하지만 그 사업가는 자신의 상품이 훨씬 오염되는 속도가 느릴 것이라고 확신했다. 게다가 표백제는 사용하지 않아도 된다는 것이었다.

불행하게도 우리가 인조 수세미를 연구한 결과 그의 주장과는 정반대의 사실이 도출되었다. 오히려 이 캐나다인과의 대화에서 나는 진정한 사업가의 면모를 보았다. 자신의 제품에 대한 무조건적인 확신 말이다!

☀ ──────── 훌륭한 기술: 그런데 왜 굳이 이걸 가지고 난리지?

특정 연구에 대한 미디어의 관심을 측정하는 포털인 알메트릭(Almetric) 지수에서 수세미에 대한 우리의 연구는 2017년도 가장 널리 알려진 연구 중 52위에 올랐는데, 우리 연구보다 높은 순위에는 공룡에 대한 연구와 새로운 암 치료법 또는 쇼핑이 행복을 가져온다는 연구 등이 올라 있었다. 179개의 뉴스 포털이 지금까지 이 연구에 대해 보도했다.

영화계와 비교한다면 우리는 뜻하지 않게 저예산 제작 영화로 블록버스터급 성공을 거두었다고 말할 수 있을 것이다. 연구비는 약 5,000유로였다. 그 액수는 오늘날의 과학계에서 푼돈도 되지 않는 것이었다. 그런데도 우리가 납세자들의 돈을 낭비하고 있다고 비난하는 분노한 대중들의 반응을 막을 수는 없었다.

이 연구는 과학자들도 때로는 자신의 직감을 믿는 것이 바람직하다는 것을 보여주었다. 왜냐하면 조사 전 우리의 경험이 반드시 고무적인 것은 아니었기 때문이다. 2016년 가을 울름에서 열린 독

수세미 세척법

가장 효과적이지만 어쨌든 세균을 제거하기 위해서는 비교적 쓸모없다고도 볼 수 있는 10가지 수세미 세척법은 다음과 같다.

① 세탁기(분말세제로 60℃)
② 압력밥솥(가압멸균처리기와 동일)
③ 식기세척기(집약적인 프로그램)
④ 전자레인지(젖은 수세미를 약간 헹군다.)
⑤ (염소) 표백제에 넣는다.
⑥ 냄비에 끓인다.
⑦ 식초나 다른 산을 넣는다.
⑧ 따뜻한 물로 헹구고 잘 말린다.
⑨ 동결
⑩ 젖산 박테리아가 든 생균제 세정액에 넣는다.

일 위생미생물학회 연례회의에서 우리는 연구 작업에 대한 포스터를 만들어 출품했는데 아무도 관심을 갖지 않았다. "훌륭한 기술이긴 한데 왜 굳이 부엌 수세미를 사용하는 거지?"라는 반응이 대부분이었다.

인간에게
가장 위험한 음식

메티겔은 세상에서 가장 위험한 음식인가

메티겔(Mettigel, 생돼지고기를 다져 고슴도치 모양으로 만든 파티용 음식 – 옮긴이)
은 아마도 1950년대 독일연방공화국의 파티장에서 태어났을 것이다. 배아 단
계부터 빠르게 성장하는 이 동물의 탄생까지 20분 정도밖에 걸리지 않는다. 완
성된 동물은 귀엽게 생겼지만, 입에 넣으면 꽤 든든한 식사가 되는 것으로 밝혀
졌다.

우리를 위협하는 것은 신선한 양파나 프레첼 막대기로 만들어진 메티겔의
가시도, 다진 고기로 만든 그의 코도 아니다. 이 평화로운 친구들을 그토록 위
험하게 만드는 것은 겉보기에는 무해하고 심지어 맛있어 보인다는 것이다.

왜냐하면 메티겔을 위장 속으로 들여보내는 사람은 자신의 건강을 걸고 도
박을 하는 것이기 때문이다. 이 고깃덩어리 간식은 우리가 음식을 얼마나 부주

의하게 다루는지를 나타내는 하나의 상징이라고 볼 수 있다.

하크페터(육회)의 찌꺼기: E형 간염과 살모넬라균

2016년 2월 미국 연방위험평가원은 독일 내의 축산 돼지 40~50%와 사냥한 야생 멧돼지의 2~68%가 E형 간염 바이러스(HEV)에 감염되었거나 바이러스 보균자라고 보고했다.

문제는 동물들이 아무런 증상도 보이지 않는다는 것이다. 그러나 사람의 경우 HEV에 감염되면 간염에 걸릴 위험이 있다.

하크페터(Hackepeter)는 또한 살모넬라균의 감염원이기도 하다. 100만 마리의 세균 중 단 1,000마리만으로도 우리의 몸은 병에 걸릴 수 있다. 하지만 이 작은 세포가 얼마나 빠르게 세포 분열을 하는지 알면 놀랄 것이다. 어린 아기나 노인, 면역력이 약한 사람이나 임산부는 특히 위험하다. 살모넬라균에 감염되면 복통, 열, 설사, 메스꺼움, 구토 증세가 유발된다. 그런데 왜 특히 익히지 않은 소고기와 돼지고기는 위험한 세균의 온상이 되는 것일까? 굳이 미생물들이 이 같은 종류의 고기를 선호해서 그런 것은 아니다.

일상적으로 섭취하는 고기: 썩은 음식 종류

잘게 썬 고기는 다진 근육이다. 쉽게 활용할 수 있는 철분과 순수한 단백질로 이루어진 다진 고기는 인간뿐 아니라 미생물에게도 잔치상이나 마찬가지다.

고기의 표면을 으스러뜨리면 표면은 크게 증가한다. 이는 박테리아가 식사를 즐기기에 아주 좋은 조건이 된다. 이 상태에서 2~4℃의 냉각온도가 일정하게 유지되지 않는다면 병원성 세균이 극적으로 증식할 수 있다.

우리가 잊지 말아야 할 것은 이미 고기를 사는 순간 그 고기는 상하는 과정에 있다는 사실이다. 도축과 그 후의 처리 과정에서 수백만 마리의 세균이 자연 상태의 무균 근육조직에 도달한다. 충분한 냉각이 제공되지 않으면 살모넬라균 같은 박테리아는 약 20분마다 배로 증식한다. 한 덩어리의 다진 고기에서 살모넬라는 단 6시간 만에 26만 2,144마리의 동료들과 조우하게 된다. 세균은 좀처럼 혼자 오지 않는다!

이 위험은 또한 짧게 불에 요리하거나 염분을 강하게 하는 등의 방법으로 완전히 사라지지 않는다. 적어도 2분 동안 70℃의 온도로 계속해서 다진 고기를 요리해야만 생고기 속의 세균은 파괴된다.

생고기 속의 세균: 피할 수 없는 것

일반적으로 생고기는 항상 세균을 포함하고 있다. 생고기를 슈퍼마켓에서 구입한다거나 아니면 정육점에서 구입한다거나 하는 것은 상관없다. 대부분 정육점의 고기는 더 신선한 인상을 준다. 하지만 고기가 분쇄기 속으로 들어가고 난 후에는 냉장 기능이 없는 진열장에 전시되는 경우가 많다. 전문가들은 '매일 신선한 다진 고기를 사용할 것'과 냉장백에 담아 조심스럽게 운반할 것을 권한다.

슈퍼마켓에서 다진 고기는 보통 냉장 보관된다. 게다가 포장되어 있는 다진 생고기는 이산화탄소나 질소가 함유된 포장백에 담기는 경우가 많아서 세균의 성장이 더디다. 그럼에도 불구하고, 2015년 독일의 소비자 보호기관인 스티프퉁 바렌테스트(Stiftung Warentest)에 의해 실시된 조사에 의하면 21개 제품 중 11개 제품에서 병원균이 검출되었다.

유기농 제품은 이 일련의 실험에서 다른 일반적인 제품보다 덜 오염된 것으로 밝혀졌다. 이것이 유기농 고기가 다른 고기들보다 훨씬 더 낫다는 것을 자동으로 의미하는가? 꼭 그렇지만은 않다. 왜냐하면 유기농 돼지고기나 기타 육류도 때로 일반적인 생산시설에서 처리되기도 하기 때문이다. 그러므로 세균 감염 위험은 항상 존재한다.

주방위생:
야생 세균의 안식처

2018년 5월 호주의 한 남성잡지는 '왜 그녀는 주방의자에서 섹스하는 걸 좋아할까'라는 제목의 기사를 발표했다. 이 글은 사랑을 나누는 진부한 방식이 얼마나 열정을 식게 만드는가에 대한 것이었다. 물론 이런 설문을 하면서 아무도 나에게 물어보지는 않았다. 왜냐하면 미생물학자의 입장에서 보자면 부엌은 사랑을 나누기에는 상당히 불편한 장소이기 때문이다. 집 안에서 해로운 세균이 이처럼 많은 곳은 찾아볼 수 없다.

만약 우리가 육안으로 미생물을 알아볼 수 있다면, 우리는 아마 부엌에서 비명을 지르며 뛰쳐나와 차라리 화장실로 들어가고 싶을 것이다.

전문가들 사이에서도 부엌은 집 안에서 가장 위생적으로 민감한 공간이다. 이곳은 가족생활의 중심이자, 동시에 병원성 미생물이 땅과 물, 공기로부터 우리를 공격하는 곳이기도 하다.

따라서 낮에 치킨이나 훈제연어 등 요리를 하던 조리대 위에서 저녁에 알몸으로 드러눕는 것은 위험할 수 있다. 특히 조리대를 깔끔하게 청소하지 않았다면 위험은 더욱 커질 수 있다. 세균은 이런 곳의 표면에서 몇 시간 동안 생존할 수 있기 때문이다.

☀ ⸺ 식중독: 과소평가된 위험

이미 설명한 바와 같이, 수조 개의 미생물은 대부분 평화로운 의도로 우리 몸을 식민지화 한다. 감염이란 미생물이 우리의 조직을 침범할 때 우리 몸이 방어적인 태도로 반응한다는 것을 의미한다. 어떤 경우 우리는 감염을 거의 알아차리지 못하기도 하고, 또 어떤 경우에는 구토나 설사, 열로 몸이 반응하기도 한다.

이러한 증상들은 대개 며칠이 지나면 사라지는 데다 일반적으로 해롭거나 위험하지 않다고 여겨 굳이 의사를 찾지 않는다. 때문에 주방 세균에 대한 감염은 거의 발견되지 않고 지나간다.

어린이, 임산부, 노인, 그 외에도 평소 건강했으나 어떤 이유로든 일시적으로 면역력이 약해진 사람들도 이런 감염에 의해 꽤 심한 타격을 받을 수 있다. 또한 치명적인 결과도 배제할 수 없다.

주요 위험은 우리가 부엌에서 다루는 동식물 식품에서 발생한다. 독일연방위해평가원에 따르면 독일에서만 매년 약 10만 건의 음식이 원인인 질병이 발생한다. 보고되지 않은 숫자는 아마도 10배 정도 더 많을 것이다.

살모넬라균에 감염되려면 1,000만 마리에서 100만 마리까지의 박테리아가 필요하다. 여기서 골치 아픈 사실은 미생물이 매우 빠른 속도로 증식할 수 있다는 것이다. 아침 8시에 살모넬라 한 마리가 달걀프라이에 있었다면 점심 때가 되어서는 위에서 언급한 임계량에 도달할 것이다.

☀ 〰〰〰 '유기농'이든 아니든 세균은 상관하지 않는다

위험한 세균과 접촉할 수 있는 경로는 소위 배설물에 의한 감염 경로다. 다시 말해 이는 우리가 슈퍼마켓에서 구입한 식재료에도 소량의 배설물 잔재가 포함되어 있다는 것을 의미한다. 그런데 유기농 식품점에서 구입한 식품조차도 위험한 세균에 대한 오염 가능성을 배제할 수 없다는 것에 주목할 필요가 있다. 가령 배설물로 인해 오염된 물로 채소를 씻을 때 이런 일이 벌어질 수 있는 것이다. 육류는 도축 과정에서 오염되기 쉽다.

또한 씻지 않은 샐러드를 손으로 찢을 때도 대장균이 우리의 손에 닿아 옮겨올 수 있다. 사실 이것만으로도 상당히 심각한 상황이 된다. 왜냐하면 우리가 생각 없이 손등으로 입을 닦는 순간 배설물 세균이 우리 몸속으로 들어올 수 있기 때문이다.

이른바 교차오염도 자주 발생한다. 이 경우는 정말 깨끗한 음식을 먹고도 해로운 세균에 오염된 주방기구들을 부적절하게 사용했기 때문이다.

생닭을 자르던 칼로 감자와 당근을 손질하면 절대 안 된다. 적어도 칼을 완전히 소독하기 전에는 말이다. 그렇게 부주의한 사람은 없다고 생각하는 건 완전히 잘못된 생각이다. 심지어 텔레비전에 나오는 명사들조차 나쁜 예를 보여주는 경우가 허다하다.

☀ TV 속 셰프들의 위생적 오류

독일연방위해평가원은 위생 기준에 관한 연구 프로젝트에서 100편의 요리 프로그램을 연구했다. 결과는 충격적이었다. 연구 결과에 따르면, 매 50초마다 텔레비전에서 위생에 관련된 오류를 볼 수 있었다. 가장 일반적인 위생상의 문제로는 행주에 더러운 손을 닦거나 중간에 도마를 깨끗이 닦지 않고 계속 사용하는 것이었다.

이런 실수로 인해 이들이 장염의 위험에 처할 수도 있다는 사실을 과학자들의 특이한 언어 사용법을 통해서도 엿볼 수 있다. 의학적인 관점에서 볼 때, 우리는 세균의 '피해자'가 아니라 오히려 세균의 '숙주'에 가깝다. 세균과 인간과의 재미있는 관계에 대해 사람들이 흔히 하는 속설을 대입해볼 수 있겠다. "마땅한 일을 찾지 못하는 사람은 여관 주인이 된다." 그런데 아무데서도 일자리를 찾지 못하는 사람은 불청객이 되어 여관 주인에게 부담이 된다.

☀ ────── 식사 속의 식사: 음식 속에 수십억 개의 세균이 있다

미국의 미생물학자 조나단 아이젠(Jonathan Eisen)은 2014년 12월 음식과 세균에 대해 눈이 번쩍 뜨이는 에세이를 발표했다. 특히 첫 문장은 나에게 깊은 인상을 주었다. "대변 속의 미생물보다 우리 음식 속의 미생물에 훨씬 더 많은 주의를 기울여야 한다." 그 말은 사실이다. 냉철하고 과감한 선언이다.

아이젠은 사람들이 매일 평균 수백만에서 수십억 마리의 세균을 섭취하고 있다는 사실을 증명했다. 예를 들어, 미국 농무부의 식이요법 권고를 따르는 사람은 아주 풍부한 양의 신선식품과 생식품, 유제품과 통곡물, 기름기 없는 고기를 먹어야 한다. 하지만 이 음식들에는 또한 박테리아와 곰팡이가 풍부하다. 인기 많은 생채소 샐러드도 마찬가지다.

그렇다면 그런 음식을 피해야 한다는 것인가? 그건 물론 아니다. 단지 우리가 건강을 위해 섭취하는 음식 속에 무임승차한 세균들의 의미는 아직 완전히 명확하게 밝혀지지 않았다. 하지만 아무리 우리가 원한다 해도 세균 없이 영양소를 섭취하기란 불가능하다. 또한 그것이 바람직한 것도 아니다. 인체의 장내 미생물은 우리가 음식과 함께 먹는 많은 미생물들로부터 오는 것이기 때문이다.

우리 몸에 해를 끼치는 나쁜 세균들에 대해 이미 우리는 자세히 알고 있다. 문제는 살모넬라나 캄필로박터, 리스테리아와 대장균들은 닭고기나 연어, 다진 생고기와 생우유 치즈, 그리고 생샐러드 등 어디에나 숨어 있다는 사실이다. 다만 다행인 것은 우리가 이들 악당들을 통제할 수 있으며 소독제나 여분의 항균 강화 세제도 굳이 필요하지 않다는 사실이다.

일반 비누와 일반 식기세제만으로도 접시에 있는 세균을 제거하고 지방으로 구성된 세포막을 파괴하는 항균효과가 충분하다.

음식이 바닥에서 떨어진 지 5초 이상 지나지 않으면 미생물학적으로 안전한가? 그 대답은 상투적으로 들리겠지만 "그렇다고 할 수도 있고 그렇지 않다고 할 수도 있다." 단, 그렇지 않다고 말할 가능성이 훨씬 농후하다. 미생물은 아주 빨리 움직이기 때문이다. 바닥에 오래 있을수록 음식의 오염 정도는 증가한다. 미국 연구자들의 연구에 따르면, 대부분의 세균이 수박에 달라붙었다고 한다. 세균이 가장 적게 검출된 것은 곰돌이 젤리였다.

☀ ⸱⸱⸱⸱⸱⸱⸱ 냉기로부터 나온 세균: 냉장고의 미생물

가정에서 저지르기 쉬운 가장 큰 위생상의 실수 중 하

나는 냉장고에 있는 모든 박테리아가 죽을 것이라고 추측하는 것이다. 냉장 권장온도 4~7℃ 사이에서 대부분의 세균은 성장이 느려질 뿐이다. 게다가 리스테리아는 추위에 전혀 신경 쓰지 않는다. 또한 미리 샐러드용 채소를 잘라놓으면 해로운 세균들이 자라고 번성한다.

냉장고에 보관하는 잔여 음식은 그야말로 모든 종류의 미생물을 위한 천국이다. 응축수 또한 미생물의 번식을 엄청나게 선호한다. 문을 열고 버터를 넣고 문을 다시 닫는다. 문을 열고 치즈를 넣고 나서 다시 문을 닫는다. 이 과정은 아침식사 후에 수십 번 이상 반복될 수 있다. 이때 차가운 공기는 따뜻한 공기를 만나고 냉장고에는 습기에 찬 줄무늬가 형성되는데, 이것은 세균의 관점에서 볼 때 바다와 같이 드넓은 약속의 땅이다.

결벽증 환자라고 부를 수도 있겠지만 냉장고 앞에 있는 모든 음식은 다시 제대로 냉장시켜야 한다. 또한 냉장고 문은 단 한 번만 열었다 닫아야 한다.

냉장고에서 가장 세균이 많이 몰려 있는 곳은 문에 달린 고무패킹 부분이다. 그렇지만 간편한 다목적 청소기로 정기적인 청소만 해주어도 냉장고 전체의 세균 부담이 상당히 완화된다. 여기에는 어떤 놀라운 항균제도 필요치 않다.

또 다른 조언을 하자면 따뜻할수록 박테리아와 세균은 더 편안함을 느낀다는 것이다. 그러니 조심하시라. 음식으로 넘쳐나는 냉장고는 냉각 용량을 저하시킬 뿐만 아니라 당신의 건강도 해칠 수 있다.

☀ ～～～～ 도마 처리의 곤란함

현재 독일에서는 수년 동안 지속되고 있는 논쟁거리가 있다. 나무로 만든 도마가 안전한가, 아니면 플라스틱이 더 나은 선택인가?

나는 이 분쟁이 수십 년 더 지속될 것이라고 생각한다. 아무리 내가 확신에 찬 어조로 위생사 입장에서 도마의 성질은 전혀 중요하지 않다고 선언해도 말이다.

둘 다 장단점이 있다. 나무는 식기세척기에 넣어 씻으면 안 된다. 목재가 금방 상할 수 있기 때문이다. 이는 플라스틱 도마의 장점이다. 반면 나무 도마에는 가끔 세균의 성장을 제한할 수 있는 천연 항균물질이 포함되어 있다. 그것은 나무 도마의 장점이다.

스크래치와 움푹 팬 부분은 두 가지 유형의 도마 모두 피할 수 없다. 심지어 정교한 칼을 사용하더라도 이는 어쩔 수 없는 일이다. 이 같은 홈이나 파인 부분에는 음식물 찌꺼기가 끼기 쉬워 세균이 정착할 가능성이 높다. 그러나 플라스틱과 달리 나무 도마의 경우 잘 씻으면 이러한 홈도 메워질 수 있다. 이는 또한 나무 도마의 장점이다.

나는 두 가지 모두 나름대로의 장단점이 있다고 확신한다. 미생물학자로서도 어떤 것이 좋다고 명확하게 추천할 수는 없다. 하지만 어떤 경우에도 육류와 채소용 도마를 별도로 사용하는 것이 좋다고 본다. 특히 중요한 것은 도마를 사용한 후에 최소한 뜨거운 물과 세제로 깨끗이 닦아야 한다는 것이다.

☀ ········· 라테 포도상구균: 커피에 세균이 들어가는 방법

2017년 동료 연구자 디르크 보크뮐(Dirk Bockmühl)의 조사에 따르면, 절반에 가까운 매장용 커피머신과 4분의 1의 개인용 커피머신에 다양한 박테리아가 존재한다는 사실이 밝혀졌다. 특히 흔한 종은 바실루스, 슈도모나스(Pseudomonas), 포도상구균 등이다. 그런데 포도상구균은 폐렴과 혈중 중독을 일으킬 수 있다. 또한 녹농균 감염증을 일으킬 수 있고, 심지어 심장 판막의 손상까지 유발할 수 있다. 그렇지만 건강한 사람들은 너무 걱정할 필요가 없다.

위험을 무릅쓰기 원치 않는다면 정기적으로 물통과 쓰레기통을 청소해야 한다. 특히 라테 마키아토가 흐르는 관은 깔끔하게 청소해야 한다. 또한 조리 과정에서 70℃ 이하로 온도를 올리는 것도 기본적으로 도움이 된다.

☀ ～～～ 식기세척기의 검은 비밀

　　때로 식기세척기가 무엇을 위해 만들어졌는지를 상기해볼 필요가 있다. 본래 식기세척기는 세균을 제거하고 접시와 컵을 소독하기 위해 만들어진 것은 아니었다.

　　화학약품을 많이 사용하면 해로운 세균들이 상당히 많이 죽는다. 그럼에도 불구하고 미생물학자들은 기계에서 이전에 본 적 없는 이국적인 곰팡이를 종종 발견한다. 검은 효모로 더 잘 알려진 엑소필라 더마티티디스(Exophiala dermatitidis)도 그중 하나다. 이 병원균은 피부질환을 유발하는 인간의 신경계를 공격해 영향을 미친다.

　　특히 우려스러운 점은 엑소필라 더마티티디스는 건강한 사람의 면역시스템에도 상당한 해악을 끼칠 수 있다는 것이다.

　　이 효모균은 저항력이 매우 강하며 가성소제를 풀어놓은 세척물 속에서도 살아남는다. 많은 사람들이 70~75℃가 아닌 20~40℃에서 식기세척기를 사용하는 것도 이들 세균들이 살아남는 데 많은 도움이 된다.

　　대부분의 식기세척기의 경우 고무로 된 부분에서 세균과 균류가 살아간다. 체코와 덴마크 과학자들의 최근 연구에서 24종의 식기세척기에서 150종류의 박테리아와 104종의 곰팡이균이 발견되었다. 아무튼 곰팡이와 박테리아는 서로 매우 우호적인 관계를 맺고 있다. 이들은 혼자일 때보다 같이 있으면 훨씬 잘 자란다.

　　독일에서 벌어지고 있는 부엌용 살림 도구의 논쟁에 대해 앞에서 말한 적 있다. 나무 도마인가 아니면 플라스틱 도마인가? 일부 가정에서는 식기세척기냐 손 세척이냐를 두고 비슷하게 물러서지 않는 논쟁을 벌이기도 한다.

1988년 사망한 화학자 헤르베르트 지너(Herbert Sinner)는 뒤셀도르프의 세제회사 헨켈에서 이미 수십 년 전부터 이런 문제를 다루어왔다. 지너는 '지너 서클'이라는 마법의 청결 공식도 개발했다. 이에 따르면 청소 과정의 효과는 기계, 온도, 화학물질 및 시간의 조합에 따라 달라진다.

식기세척기는 손 세척에 비해 시간, 온도, 화학성분 이 세 가지가 훨씬 우위에 있다. 손 세척의 경우 너무 뜨겁거나 알칼리성 물속에 손을 담글 수도 없고 헹구기 위해 시간을 2시간이나 희생하지도 않

지너 서클: 세척 과정의 성공은 네 가지 요인에 의해 결정된다. 그중 하나가 줄어들면 다른 요인들이 나머지의 균형을 이루어야 한다. 예를 들어, 세척할 시간이 짧다면 기계의 성능을 강화하거나 온도를 올리거나 더 많은 화학물질을 사용해야 한다.

기 때문이다.

하지만 손 세척도 상당한 보상을 안겨준다. 사람은 기계보다 훨씬 집중적으로 세척할 수 있으며 기계보다는 접시나 프라이팬을 훨씬 조심해서 씻을 수 있기 때문이다.

미생물학자는 두 가지 방법 모두 전혀 문제가 없다는 의견이다. 살림의 규모가 클수록 물론 기계가 더 많은 일을 하는 것이 삶에 도움이 된다. 2015년 발표된 스웨덴의 한 연구는 설거지를 손으로 하는 가정의 어린이들이 알레르기 문제로 덜 고통받는다는 것을 보여준다. 아마도 접시에 남아 있는 세균 때문이 아닐까?

☀ ⸺ 식수: 세균이 거의 없는 제품

전 세계적으로 거의 10억 명의 사람들이 깨끗한 식수를 정기적으로 공급받지 못하고 있다. 매년 약 350만 명의 사람들이 형편없는 식수 공급의 결과로 목숨을 잃는다. 이 수치들은 깨끗한 식수를 공급받는 것이 하나의 특권이라는 것을 보여준다. 독일의 경우 온갖 전염병으로부터 보호받을 수 있는 특권을 누린다. 수돗물은 독일에서 가장 잘 통제되고 있는 음식물 중 하나다.

소비자 보호기관에 따르면, 독일의 식수는 미네랄워터보다 더 많은 광물을 함유하고 있다. 병에 든 미네랄워터의 경우 세균의 양도 식수보다 많다. 그렇다고 우리가 마시는 물이 무균 상태인 것은 아니다. 병원성 세균을 제외하고 1ml당 최대 100마리의 세균을 포함할 수 있다.

상수도사업은 양질의 기준에 부합할 뿐만 아니라 비교적 저렴한 가격에 식수를 공급하는 것을 원칙으로 한다. 하지만 궁극적으로 수도꼭지에서 나오는 식수의 경우 이와는 이야기가 다를 수 있다. 수도관의 상태도 한몫을 하기 때문이다.

파이프 속에는 상상할 수 없는 다양한 박테리아가 살고 있다. 습한 지하에서 다양한 종류의 세균이 형성되는데 이는 제거하기 어려운 바이오필름과 결합되어 살고 있다.

☀ ～～～～ 침전물: 지하에 있는 박테리아

다행히도 우리에겐 박테리아를 육안으로 볼 수 있는 능력이 없다. 그렇지 않으면 우리는 싱크대와 변기를 혼동하게 될 것이다.

집 안의 싱크대에는 1cm²당 약 10만 마리의 세균이 살고 있다. 이로써 싱크대는 부엌 수세미를 제외하고 가정 내 세균이 가장 많은 장소 2위에 등극했다.

이유는 매우 단순하다. 부엌의 모든 음식물 찌꺼기가 싱크대에 쌓이는 반면 이곳은 화장실보다 훨씬 덜 강력한 화학약품으로, 덜 공격적으로 청소하기 때문이다.

원치 않는 미생물이 분출구로 씻겨 내려간다는 착각이 싱크대에 대한 소홀함에 기여할 수도 있다. 몇몇 세균들은 실제로 씻겨 내려가기도 한다. 하지만 배수구 바로 아래 두꺼운 바이오필름 속에 모인다. 이들이 그곳에 계속 머무르는지는 알 수 없다.

연구에 따르면 이 바이오필름은 관에서 거름망에 이르기까지 느리지만 꾸준히 성장한다. 그러다가 수돗물이 떨어질 때 튕겨 오르기도 한다. 사랑하는 친구들, 여기로 돌아온 걸 환영하네!

부엌 위생 십계명

① 식재료를 취급할 때는 교차오염을 피한다.
② 요리 전후에는 꼭 손을 씻는다.
③ 모든 조리기구와 청소도구를 잘 세척하고 정기적으로 교체한다.
④ 저온 유통체계를 준수한다.
⑤ 고기는 적어도 70℃에서 2분 이상 가열한다.
⑥ 식기세척기를 정기적으로 청소하고(특히 고무 패킹), 때로 고온에서 작동해 청소한 세척기를 열어두고, 세척기를 열 때 나오는 습기를 흡입하지 않는다.
⑦ 냉장고를 정기적으로 청소하고(특히 고무 패킹) 과다하게 채우지 않으며 응결되지 않도록 한다.
⑧ 특별한 항균세척제는 필요 없다.
⑨ 배수구를 포함해 싱크대를 정기적으로 청소한다.
⑩ 어린이, 노인, 임산부, 면역력 약자는 더 많은 주의를 기울여야 한다.

금지구역: 왜 화장실은
세균에게 매력적이지 않은가

화장실은 결국 앉아 있는 공간으로서의 역할이 가장 크다. 비록 그 안락함은 상대적으로 적지만 여전히 많은 사람들이 그곳에서 편안함을 느낀다.

영국의 연구 결과에 따르면 영국인들은 이 조용한 곳에서 일주일에 약 3시간을 보낸다. 같은 응답자가 체력 단련을 위해 사용하는 시간은 약 90분에 불과했다. 나는 서구의 다른 국가에서도 결과가 비슷할 것이라고 거의 확신한다.

화장실에서 3시간이라면 상당히 주목할 만한 시간이다. 이 조용한 곳은 특별한 매력을 가진 것이 틀림없다.

"남자들은 평화를 원할 때 화장실에 가고, 여자들은 목욕탕에 간다. 그런데 왜 반대 방향으로 가지 않는 것일까?" 2017년 7월 쥐트

도이체 차이퉁 편집장인 탄야 레스트는 상당히 읽어볼 만한 기사에서 다음과 같은 질문을 했다.

그녀는 또한 화장실이 왜 매력적인 장소인지를 적절하게 설명했다. "가족들로부터 탈출한다는 것은 사랑스럽고 조그만 바실루스균을 보러 가는 것을 의미할 뿐 아니라 사랑스럽고 덩치 큰 바실루스, 즉 당신의 배우자를 보지 않아도 된다는 것을 의미한다." 우리의 주제에 대한 매우 흥미로운 관점이 아닐 수 없다.

☀ ──── 화장실에서의 전투: 세균에 대한 화학무기

변기에 있는 바실루스균은 우리들 대부분이 열성적으로 싸워 없애려 한다. 집 안에서 이토록 많은 화학물질을 사용하는 곳은 어디에도 없을 것이다. 화장실 청소를 위한 대표적인 독성 화합물은 생물학전 요원을 연상시킨다. 세정제의 기초는 석회와 소변 속 결석을 제거하고 미생물들을 죽이는 개미산 혹은 염산이다.

그래서 세척물질이 변기 표면에 오래 머물게 하고 힘차게 거품을 내어 먼지를 제거하도록 농후제와 계면활성제가 첨가된다. 또한 소비자가 세척 상태와 접착력을 눈으로 볼 수 있도록 염료도 첨가한다. 무시무시한 화학무기의 냄새를 억제하고 전형적인 화장실 냄새를 감추기 위해 향을 첨가하는 것도 잊지 않는다.

이 같은 반세균성 공세는 효과를 발휘한다. 믿기 힘들겠지만 변기처럼 미생물이 거의 없는 곳을 집 안 어디에서도 찾아보기 어렵다. 부엌의 핵심 장소에 비하면 변기는 은쟁반처럼 깨끗하다고 할 수 있다.

미국의 연구자들이 선택한 가정의 화장실 변기에 대한 연구에서 $1cm^2$당 약 100마리의 세균만이 발견되었다. 미생물학자의 관점에서 볼 때 이는 터무니없이 낮은 숫자다. 비교를 하자면 사람의 겨드랑이에는 $1cm^2$당 약 100만 마리의 박테리아가 서식하고 있다.

그럼에도 불구하고 낯선 변기를 사용한다는 생각만 해도 사람들은 대개 혐오감을 갖게 된다. 화장실 혐오증은 분명 선천적이며 진화적인 관점에서 확실히 의미가 있다. 이는 잠재적 감염 위험으로부터 우리를 보호한다. 연구에 따르면 완벽한 보호를 요하는 새로운 생명체를 품을 가능성이 있는 여성이 남성에 비해 낯선 변기에 대한 경계심이 훨씬 더 강하다고 한다. 그렇다면 우리를 이렇게 흥분시키는 대변은 어떤 물질일까? 사실 100% 바이오 제품이다.

우리가 화장실에 한 번 갈 때마다 생산하는 대변의 양은 평균 100g에 달한다. 그 안에 들어 있는 세균의 함량은 어마어마하다. 1g당 100억~1,000억 마리의 미생물이 포함되어 있다. 이처럼 많은 세균 수를 고려하면 대변에는 보건상의 위험이 분명 존재한다고 볼 수 있다.

위생학자들은 특히 오염된 식수를 통해 사람들에게 치명적인 피해를 주는 대변의 구강 감염을 두려워한다. 우리는 깨끗한 식수를 공급받으며 살고 있지만 지진이나 전쟁으로 기반시설이 붕괴된 나라들을 관찰해보면 이를 잘 알 수 있다. 이런 재해의 상황에서 콜레라가 발생하기까지는 보통 1~2주가 소요된다. 온갖 설사병의 어머니인 콜레라는 환자들을 탈수 증세로 몰아가 죽음에 이르게 한다. 콜레라 환자는 하루에 20ℓ의 물이 몸에서 빠져나간다. 일반적으로 링거를 통해 수액 및 전해질을 공급함으로써 환자는 다시 회복될 수 있다. 하지만 이 같은 필수적 치료가 적시에 이루어지지 않으면 환자는 몇 시간 혹은 며칠 내에 순환기 장애로 사망에 이를 수 있다. 또한 대장균이나 노로바이러스와 같은 수많은 다른 위장 속 세균들이 대변을 통해 전염된다.

보시다시피, 대변에 대한 우리의 혐오감은 매우 현실적인 근거가 있으므로 이 자연 생산품을 절대적으로 조심스럽게 다룰 필요가 있다.

☀ 악취에 숨겨진 과학

대변에 포함되어 있는 극도의 불쾌한 냄새를 우리의 뇌는 경고 신호처럼 인식한다. 그런데 어째서 대변은 악취를 풍기는 것일까?

배설물의 악취는 인간의 관점에서 볼 때 대장의 악조건을 연상시킨다. 대장 속 조건이 여러 면에서 거의 40억 년 전 지구에서 발견된 원시 세균 LUCA(모든 생명체의 보편적 조상, Last Universal Common Ancestor의 약자-옮긴이)와 유사한 부분이 있기 때문이다.

일단 대장 속 소화관 부분에는 활성산소가 없다. 미생물학자들은 이 상태를 '무산소성'이라고 부른다. 그곳에서 발생하는 대사작용은 발효와 혐기성 호흡이다. 예를 들어 단백질이 포화되면 황화수소, 인돌(Indole), 스카톨(Skatole)과 같이 강력한 냄새를 풍기는 화학 분해물이 생산된다. 우리가 육류를 통해 단백질을 많이 섭취할수록, 배설물은 더 심한 악취를 풍기는 것이다.

육류 제품이 대변의 냄새에 미치는 영향은 아기들의 대변을 통해 확인할 수 있다. 이유기 후 아기들의 음식이 고체 음식, 특히 육류로 바뀌자마자 기저귀 냄새는 극적으로 바뀐다.

☀ ～～～～ 낯선 화장실

낯선 곳에서 화장실을 쓰지 않을 수 없는 상황에 처할 경우 어떻게 해야 하는지에 대해 종종 질문을 받는다. 그럴 때 나의 첫 번째 조언은 당황하지 말라는 것이다. 농담이 아니다. 예민한 사람의 장은 그런 상황에서 닫힌다. 따라서 역겨운 변기 세균에 감염되지 않을 가능성이 높아지지만 그 대신 위가 뒤틀리거나 치질의 위험이 생기기도 한다.

현대 공중화장실은 거의 접촉 없이도 사용할 수 있다. 그렇지 않은 상태, 즉 위생 상태가 의심스러운 변기일 경우 나는 스키선수의 자세를 취하라고 조언한다. 반면 화장지로 변기 위를 정교하게 감싸는 방법은 거의 소용이 없다.

화장지를 접어서 놓는 순간 당신의 손은 변기 시트에 닿게 되고 세균에 오염될 수 있다. 손에 세균이 묻는 것을 원하는 사람은 없을 것이다. 왜냐하면 손은 엉덩이나 허벅지에 비해 입과 가까워 훨씬 더 위험하기 때문이다.

게다가 위험한 세균은 이런 식으로 예방할 수도 없다. 특히 오래 앉아 있어서 종이가 젖게 되면 더욱 그렇다. 이 방식은 자기 기만적인 안전감각을 선사하며 '화장실 변기를 잘 커버했으므로 손을 씻을 필요도 없겠지'라고 하는 안이한 행동으로 이어질 수도 있다.

☀ ┄┄┄ 감염증 예방의 기본, 손 씻기

믿기 힘들겠지만 손 씻기와 같은 간단한 방법만으로도 장염 전염주기를 매우 효과적으로 깨뜨릴 수 있다. 오늘날 유행하는 손 소독이 굳이 필요하지도 않다.

모든 사람이 손을 열심히 씻는다면 손잡이나 수도꼭지도 잘 오염되지 않을 것이다. 하지만 바로 이것이 문제다. 하이델베르크의 과학자들은 2017년 연구를 통해 화장실을 사용한 후 손을 씻지 않는 사람이 남성의 경우 약 11%, 여성은 약 3%가 된다는 사실을 밝혀냈다.

하지만 더 불안한 사실이 있으니 연구에 따르면, 여성의 18%, 남성의 49%가 비누를 사용하지 않고 손을 씻는다는 것이다. 무엇보다도 손을 철저하게 씻는 것이 중요하다. 또한 손가락 사이를 씻는 것도 잊지 말아야 한다. 이 과정을 모두 마치는 데는 20~30초가 걸릴 수 있다.

아무리 열심히 손을 씻었더라도 먼저 손잡이를 잡은 사람이 노로바이러스로 손잡이를 오염시켰다면 이 모든 세척은 헛수고가 되고 만다. 바로 이런 이유 때문에 일회용 수건으로 수도꼭지를 잠그거나 화장실 손잡이를 닦는다고 해서 지나친 위생 히스테리에 사로잡혔다고 볼 수는 없을 것이다. 더 복잡한 방법으로는 팔꿈치로 문을 여는 것도 있고 다른 사람이 문을 열기를 기다려 출입하는 방법도 있다.

☀ ⌐ 변기는 왜 적대적 공간인가

대변을 비롯해 그와 관련된 공간에 대해 사람들이 두려워하는 것은 당연한 일이지만 그럼에도 불구하고 변기는 기능적 디자인이 사용된 대표적인 예다. 여러 가지 세균에 대한 걱정이 이곳에서는 은근슬쩍 사라진다. 아주 매끄러운 세라믹 재질 표면의 변기통으로 물이 빠르게 흘러가므로 석회나 먼지, 꽃가루 등이 거의 끼지 않는다. 또 미심쩍을 경우에는 청소용 솔로 잔여물을 재빨리 제거할 수 있다.

일반적으로, 화장실이라는 공간은 미생물이 살기에 적합하지 않다. 상대적으로 세균이 적은 것은 청소에 쓰이는 화학물질의 엄청난 투입 때문만은 아니다. 변기는 빠르게 건조되고 매끄러운 서식지로 세균이 머물기 매우 어렵다.

다른 실내 공간과 비교했을 때 이곳은 또한 상대적으로 시원하다. 수돗물은 보통 15℃ 정도의 온도를 유지한다. 또 변기 위에서 먹는 사람도 없으므로 영양소도 매우 드물다. 비록 변기에 남은 음식물을 버리는 사람들이 있다는 얘기를 듣긴 했지만 음식이 변기 배수관에서 너무 빨리 사라지므로 세균이 번식할 위험은 거의 없다. 하지만 이 방법이 쥐를 유인할 수는 있을 것이다.

또한 변기의 물이 고여 있는 곳에서는 미생물이 찾을 수 있는 영양분이 거의 없다. 대변 박테리아의 덩어리를 보통 절대 혐기성 미생물이라고 부르는데, 이들은 산소가 없는 대장에서 번성하지만 공기와 접촉하면 빠르게 죽어버린다.

몇 시간 안에 대변 균은 건조하고 산소가 풍부한 화장실 환경에 훨씬 더 잘 적응하는 피부 박테리아 미생물로 대체된다. 이는 미국의 분자생물학자들이 최근 공중화장실을 대상으로 실시한 연구에서 밝혀낸 사실이다. 다만 예외에 속하는 균이 있으니 바로 대장균이다. 어떤 환경에서건 극도로 저항력이 강한 이 세균은 산소 호흡을 통해서도 생존할 수 있고 동시에 산소 없이도 발효를 통해 생존할 수 있는 놀라운 능력을 가지고 있다. 대장에서 대장균은 그저 얌전한 추종자로서의 역할만 한다. 하지만 대장을 떠나는 순간 위험이 시작된다. 이 균이 엉뚱한 곳으로 들어가는 순간 요로 감염, 폐렴, 패혈증을 비롯한 기타 감염을 일으킬 수 있다.

장 밖에서도 오래 살아남을 수 있는 이 능력은 그에게 특별한 영예를 안겨주었다. 식수 분석에서 그는 대변 불순물의 지표로 사용된다.

☀ 〰〰〰 변기의 가장자리: 세균 사냥꾼의 사각지대

변기의 한 구석에는 단세포 생물들이 쉬면서 다시 힘을 얻을 수 있는 공간이 있다.

화장실 변기 가장자리 아래쪽에는 청소 시 각별한 주의가 필요한 위험 구역이 있다. 왜냐하면 이 사각지대에 석회암과 소변 결석이 누적되는 경우가 많기 때문에 표면이 상당히 거칠고 넓다. 이 표면은 미생물들이 꽤 오랫동안 버틸 수 있도록 만들어준다.

가령 설사를 하게 되면 대변이 쉽게 이 가장자리로 튀어 자리 잡게 된다. 그리하여 살모넬라 같은 사악한 세균들이 이곳에서 일시적인 보금자리를 꾸민다. 이들 세균은 여기서 4주까지 생존할 수 있다.

인터넷을 보면 이 구역을 효과적으로 청소하는 다양한 마법이 소개되는데, 코카콜라나 세제를 섞은 잿물 등이 여기에 포함된다.

하지만 이런 미심쩍은 해결책들은 창의적인 면에서는 도움이 될지 모르지만 세척을 위해 확실하지 않은 목적으로 사용되는 물질들은 전혀 쓸모가 없다. 기적의 무기를 찾을 필요도 없다. 일반적인 다용도 세척액만으로도 청소 목적을 완벽하게 이행할 수 있다.

또 다른 좋은 소식도 있다. 변기 테두리 밑에 서식하는 박테리아는 주로 무해한 종류다. 질병을 일으키는 균은 많지 않다. 게다가 현대식 변기에는 가장자리 홈이 별로 없다. 우리가 살 새집의 가구와 장비를 고르는 동안 내 아내는 구식 변기를 원했다. 지저분한 게 안 보이니까 더 낫지 않겠냐는 것이 그녀의 주장이었다.

☀ 〰〰〰 화장실 미생물은 지문만큼이나 독특하다

뒤셀도르프의 소비재 회사인 헨켈의 개발연구실에서 미생물학자로 일하면서 나는 2010년 처음으로 분자생물학적 방법으로 변기 테두리 아래의 바이오필름을 동료들과 함께 분석했다. 그 결과 육안으로 잘 보이지 않는 각도의 장소에 서식하는 박테리아 공동체의 유전적 특징을 파악할 수 있었다.

그 당시 연구 목적을 위해 연구 동료들은 자신들의 집에 설치된 변기의 테두리 아래에 모여 있는 소변 결석과 석회 덩어리를 긁어 샘플로 채취했다. 제출된 샘플의 색은 검은색과 회색, 주황색과 녹색 사이를 오갔다.

이곳에서 고약한 장내 세균이 발견되지 않았다는 의외의 결과 외에도, 이 연구는 또 다른 놀라운 발견을 했다. 변기의 미생물 세균군은 화장실 사용자만큼이나 개별적이라는 사실이다. 이는 변기 테두리 밑에 있는 바이오필름의 구성에도 해당된다. 변기의 상태나 수질, 청소 습관 그리고 인간의 대변 속 미생물의 성분도 변기 속 미생물군에 독특한 자취를 남긴다.

☀ ⟜⟝⟝⟝⟝⟝ 부패의 숨결: 공기 중의 화장실 세균

신문 인터뷰에서 나는 변기를 통한 임신이 가능한지에 대한 질문을 받은 적이 있다. 내 대답은 간단했다. 물론이지요. 단 거기서 굳이 성관계를 가진다면 말이지요.

성병에 감염될 가능성은 극히 낮다. 그 이유로는 성병을 유발하는 병원균은 대개 매우 민감해서 인체 바깥에서는 즉시 활동을 할 수 없거나 죽게 된다. 이는 HIV에도 해당된다.

그런데 화장실에는 매우 과소평가된 기괴한 위험이 도사리고 있다. 단순히 변기의 물을 내리는 것만으로도 노로바이러스를 들이마실 수 있는 것이다. 연구에 따르면 변기의 물을 내릴 때 세균이 이른바 바이오 에어로졸을 통해 공기 중에 뿌려지는데, 특히 미세한 액체 상태의 대변이나 토사물의 경우 공기 중에 퍼질 수 있는 것으로 나타났다. 변기에서 나온 이 방사물은 화장실 전체로 퍼질 수 있다. 연구원들은 심지어 근처의 칫솔에서도 배설물 세균을 발견했다!

이 정보는 소변을 앉아서 해결하는 남성들에게 특히 흥미로울 수 있는데, 소변을 본 후 변기 뚜껑을 닫지 않고 물을 내린다면 화장실에 소변이 튈 수 있기 때문이다.

☀ ──── 화장실과 나: 빠른 안내서

그러므로 앉은 상태에서 물을 내리고 물이 튀는 것을 피하라. 이것은 페미니즘의 문제가 아니라 위생에 관한 문제다.

화장지는 몸을 뒤틀지 않고 손을 더럽히지 않은 상태에서 조금만 움직여도 쉽게 닿을 수 있어야 한다.

요즘 여자아이들은 이미 유치원에서부터 뒤처리 방법을 배우고 있다. 앞에서 뒤쪽으로 닦아서 장내 세균이 요도에 들어가지 않도록 한다.

화장실 물을 내릴 때는 뚜껑을 꼭 닫아야 한다. 이는 세균 스프레이를 뿌리는 것을 막기 위한 것이다.

최종 세척을 위해서는 변기 테두리 밑을 청소한 변기 브러시를 사용해 다시 한 번 세척한다. 또한 물과 비누로 시간을 들여 손을 깨끗이 씻어야 한다.

손을 닦는 수건은 잠시 사용하더라도 자주 60℃의 온도에서 중 강력세제로 세탁해야 한다. 청소용 걸레도 마찬가지지만 수건도 다른 세탁물과는 분리해서 세탁해야 한다. 소독제는 불필요하다.

싱크대와 수도꼭지, 스위치와 변기를 닦는 수세미는 각기 색깔 을 달리해 사용하는 것이 유용하다.

그리고 나처럼 가끔 정신을 깜빡하는 사람들을 위한 조언을 하 자면, 화장실에 가기 전 뒷주머니에서 휴대전화를 빼놓는 것이 좋 다. 실제로 나는 휴대전화를 변기에 떨어뜨린 적이 있다.

절대 혼자 말하지 않는다?: 휴대전화와 안경 위의 미생물

《타임》지는 선정적인 신문이라고 볼 수 없다. 그렇기 때문에 2017년 8월 이 신문에 실린 기사가 나는 불편하다. 〈휴대전화가 화장실 변기보다 10배 더 더럽다.〉

약 5,700만 명의 독일인들이 휴대전화를 사용한다. 통계에 따르면 사람들은 하루에도 수십 번씩 휴대전화를 사용한다. 휴대전화는 이제 일상용품이 되었다. 그렇다면 우리가 이 세균 덩어리를 정기적으로 귀에 댄다는 사실이 무섭지 않은가?

이 기사는 우리가 세균과 그 동료들을 가지고 얼마나 멋지게 재난 분위기를 만들어낼 수 있는지를 보여주는 좋은 예다. 또한 박테리아와 이들의 분포에 대해 실제로 우리가 얼마나 무지한지도 잘 보여준다. 바실루스가 뿌려진 변기 시트를 생각하면 당장 혐오감이 생긴다. 하지만 이는 근본적으로 잘못된 가정에서 생겨난 혐오감이다. 변기에는 세균이 거의 없는 것이나 마찬가지이기 때문이다.

☀ 거의 존재하지 않는 세균

세균에게 화장실 변기는 목마름으로 죽어가는 사람에게 사막이나 마찬가지로 매력이 없는 장소다. 매끄러운 변기 표면은 거의 지지력이 없는데다 영양분도 거의 없다. 게다가 이곳은 매우 건조하다. 왜냐하면 변기 재료는 습기를 품지 않기 때문이다. 이는 박테리아의 증식을 위한 좋은 조건이라 볼 수 없다.

물론 몇몇 미생물들은 외진 곳을 찾아서 둥지를 튼다. 가정 미생물학자들은 변기 1cm²당 약 100마리의 세균이 존재한다고 추측한다. 이는 거의 세균이 존재하지 않는 것이나 마찬가지라는 얘기다.

이 숫자가 10배로 늘어난다 해도 등골이 서늘해질 사람은 아무도 없다. 1cm2당 1,000마리의 세균은 여전히 거의 없는 것이나 마찬가지다. 우리 모두의 겨드랑이 밑에는 더 많은 세균이 살고 있다.

푸르트방겐대학에서 우리는 좀 더 정확한 연구를 위해 휴대전화의 액정을 자세히 살펴보았다. 우리는 학생들과 직원들이 가지고 있는 총 60대의 휴대전화에서 샘플을 채취했다. 연구를 위해 양각형의 샬레(세포배양 접시) 위에 휴대전화 액정 위의 박테리아가 찍히도록 했다. 그 결과는 정말로 충격적이었다.

☀ ～～ 휴대전화의 전자파로 세균을 죽일 수 있을까

평균적으로 우리는 휴대전화 액정에서 1cm²당 1.37마리의 세균을 발견했다! 박테리아가 서로를 끌어당기는 성질이 있고 보통은 군집을 잘 이루기 때문에 이렇게 세균들이 서로 외롭게 떨어져 있는 것을 보니 마음이 아플 정도였다. 이조차도 알코올을 묻힌 안경수건으로 닦아내자 그 숫자가 약 100배나 감소했다.

병원 환경에 대한 유사한 연구에서 구형 휴대전화는 지금의 스마트폰보다 거의 10배나 더 많은 세균을 가지고 있는 것으로 나타났다. 그 이유는 명백하다. 오래된 모델들의 우둘투둘한 키패드에는 거울처럼 매끄러운 스마트폰의 표면보다 박테리아가 훨씬 더 잘 붙어 있을 수 있다. 이는 휴대전화를 신형으로 업그레이드할 이유를 찾느라 오랫동안 고심했던 사람들에게 좋은 뉴스가 아닐 수 없다.

이탈리아 동료들은 2017년 12월 우리의 연구 결과를 확인해주었다. 이들은 총 100대의 스마트폰을 검사했는데 1cm²당 평균 0.4~1.21마리의 세균을 발견했다. 휴대전화 전면은 매끄럽고 건조하며 사람이 자주 만지지만 종종 닦기도 한다. 그러다 보니 세균이 그곳에서 번식할 기회가 별로 없다.

하지만 이들의 연구는 다른 가정으로 연결되었다. 즉 휴대전화의 방사선 또한 세균 밀도에 영향을 미칠 수 있다는 가정이다.

휴대전화의 이른바 SAR(전자파 흡수율, Specific Absorption Rate)은 전송력을 측정하는 값이다. 이 값은 사람이 머리 바로 옆에서 통화할 때 발생하는 전자기장의 흡수가 얼마나 높은지를 나타낸다. SAR 값은 휴대전화의 브랜드마다 상당히 다르다. 값이 높을수록 머리와 장치의 온도는 더 높아진다.

이 방사선이 휴대전화 사용자의 건강에 해로운 영향을 미치는지 여부는 불분명하다. 이 때문에 독일에서는 SAR 수치가 0.6W/kg 이하인 휴대전화에만 '블루 엔젤(Blue Angel)' 인증마크를 부여한다. 그런데 높은 SAR 값이 바람직할 수 있는 이유도 분명히 있는 듯하다. 이탈리아 과학자들의 말에 따르면 방사선 값이 높은 전화일수록 세균이 더 적었다고 한다.

☀ ⸺⸺ 휴대전화 세균군의 해독

한편 이 조사 결과는 스마트폰 방사선의 유해성에 대한 간접적인 증거로 이해할 수도 있다. 저항력이 강한 우리의 룸메이트들도 방사선 앞에서는 백기를 들 정도이니 우리한테는 어떻겠는가?

스마트폰 연구에서 우리는 10가지 다른 종류의 세균과 10가지 다른 종류의 박테리아를 발견할 수 있었다. 그것들은 전형적인 피부와 점막 박테리아뿐 아니라 대변 속 박테리아(대장균)까지 포함했다. 이로써 우리는 스마트폰 세균군의 기본적인 핵심 원천을 밝혀낼 수 있었다. 세균은 스마트폰 액정을 통해 자신들을 전시한다.

- 피부 박테리아(손과 얼굴을 통해)
- 점막 박테리아(말할 때)
- 대변 박테리아(씻지 않은 손을 통해)
- 환경 박테리아(공기와 지상의 먼지를 통해)

우리가 발견한 10종 중 5종은 잠재적으로 위험할 수 있다. 하지만 밀도가 너무 낮기 때문에 이들 세균들에게서는 위험요소가 거의 없다고 볼 수 있다.

개인이나 가정에서 스마트폰과 그에 관련된 미생물들이 건강상의 위험을 내포하고 있을 가능성은 그리 높지 않다. 하지만 임상 분야에서는 다르게 보일 수 있다.

☀ ········ 주치의에게서 받은 무료 병원균

2006년 영국 의학협회는 의사들의 실크 넥타이가 높은 감염의 위험을 내포하고 있다는 결론을 내렸다. 왜냐하면 의사들은 손가락으로 넥타이를 자주 만지는 반면 넥타이를 자주 세탁하지는 않는 경향이 있기 때문이다.

그런데 현대의 병원에서는 휴대전화가 가장 많이 만지는 물건 중 하나이자 위험한 세균의 잠재적 운반자로 넥타이를 대체한 것으로 보인다. 런던 임페리얼대학의 감염학자들은 의사들이 심박수를 측정하기 위해 스마트폰을 사용한다고 보고했다. 이는 심지어 내성이 있는 세균을 환자에게 전염시킬 위험도 있다.

그럼에도 불구하고 스마트폰은 의학 진단에서 중요한 역할을 할 수 있다. 미국 과학자들은 현대의 분자생물학적 연구에서 스마트폰의 미생물과 사용자 손가락의 미생물이 매우 유사하다는 것을 입증했다. 이러한 깨달음으로 인해 이 연구의 저자들은 '인류의 미생물들은 우리가 가는 곳마다 우리와 함께 여행한다.'라는 매우 시적인 표현을 쓰기도 했다.

☀ ⟜〜〜〜 대변 샘플 대신 미생물 테스트?

그러므로 언젠가는 휴대전화가 미생물 센서로 이용될 것이라고 볼 수도 있을 것이다. 그 안의 '세균 지도'가 인체의 건강 상태에 대한 지표 혹은 심지어 병원균의 오염 가능성에 대한 정보까지 제공할 수 있을 것이다.

미래에는 혈액이나 대변 샘플을 채취하는 것 같은 불쾌한 절차가 어떤 경우에는 불필요할 수도 있다. 물론 이것은 상당히 추측에 기반한 것이다. 하지만 이는 과학계가 지금까지 가정 및 병원위생의 중요한 영역을 무시해왔다는 오류를 보여주기도 한다. 또한 이는 내가 연구 과정에서 우연히 발견한 일상생활의 또 다른 대상에도 적용된다.

우리의 첫 번째 휴대전화 연구를 위해 나는 학생들에게 청소 효과를 테스트하기 위해 안경 닦는 천을 구해달라고 부탁했다. 그런데 선택의 이유는 모르겠지만 학생들이 자이스(Zeiss, 칼 자이스는 독일의 광학회사다.-옮긴이)에서 생산한 천을 가져왔다는 사실에 감사한다. 이 전통적인 기업체의 제품을 통해 우리는 곧 안경 위의 미생물 세균군에 대한 유익한 협력관계를 발전시킬 수 있었기 때문이다.

안경 위의 세균에 대해서는 여전히 거의 아무것도 알려지지 않은 것이나 마찬가지다. 하지만 초기 연구를 통해 우리는 병원 내부의 수술실에 놓인 물품들, 가령 안경 위의 세균이 문제가 될 수도 있다는 사실을 알 수 있었다. 상상해보라. 수술 절차에 따라 수술 도구나 의사의 의복 등은 멸균을 해야 한다. 하지만 코 위에 놓인 안경에 대해서는 아무도 관심을 보이지 않는다. 이것이 문제가 될 수 있다는 것은 매우 확실하다.

☀ ─────── 밀입국자

푸르트방겐대학에서의 연구를 통해 우리는 안경에 1cm²당 평균 9,600마리의 세균이 살고 있다는 것을 증명할 수 있었다. 이것은 변기 시트나 스마트폰 액정에 있는 세균 농도의 2배라고 할 수 있다.

안경의 코걸이 부분에는 무려 1cm²당 최고 66만 마리의 세균이 있는 것으로 측정되기도 했다. 세균 중 포도상구균은 매우 흔했다. 수술실의 멸균 환경에서 여러 가지 약물에 내성이 생긴 세균이 안경을 통해 밀반입되는 것을 상상한다면 누가 오싹함을 느끼지 않겠는가?

일반 안경을 소독하는 것은 현재 거의 불가능하다. 그에 대한 대안으로 안경 보호용 마스크나 안경 보호용 고글을 사용하는 것도 가능하겠지만 시야를 가릴 수 있다는 문제가 발생한다.

사실 안경 위의 미생물에서 어떤 위험이 얼마나 발생하는지는 아직 불분명하다. 또한 우리는 완전한 무균 상태란 불가능하다는 사실도 잘 알고 있다. 하지만 독일에만 해도 안경을 쓰는 사람이 4,000만 명 이상 있다는 것을 감안한다면 거의 탐구되고 있지 않은 이 영역에 대해 좀 더 명확하게 통찰할 때가 되지 않았을까?

푸르트방겐대학 연구에서 우리에겐 나름의 과제가 있었다. 예를 들어 안과 질환에 안경이 영향을 미치는지, 병균체가 잠복하거나 쉬어갈 수 있는 장소로 제공되고 있지는 않은지에 대해 의구심이 들었다. 이는 만성 혹은 급성 눈 염증과도 관련될 수 있지만, 독감과 같은 바이러스 질병의 전염과 관련되는 것도 가능하다.

물론 저항성 세균의 확산에도 영향을 미칠 수 있다. 다제내성 포도상구균은 주로 코에 서식하고 있는데 의사가 환자의 병원균을 치료하는 동안 일시적으로 안경 위에 잠복하고 있을 수도 있다. 만약 아직까지 발견되지 않은 세균의 유포 경로가 발견된다 해도 나는 그다지 놀라지 않을 것이다.

"노벨상의 여지는 아직 많이 남아 있다."라고 나는 말하고 싶다.

휴대전화 위생

① 스마트폰 액정의 세균 분포는 대체로 매우 낮다.
② 가정 환경에서는 특별한 항균 보호조치(항균 보호필름 등)들이 필요하지 않다.
③ 손을 깨끗이 씻으면 스마트폰도 자동으로 깨끗해진다.
④ 알코올 천으로 세척하면 세균의 밀도는 거의 100배나 감소하지만 장기적으로는 액정을 손상시킬 수 있다.
⑤ 휴대전화 미생물로부터 여드름 세균이 나온다는 것은 허구에 불과하다. 얼굴 피부에는 휴대전화보다 몇 배나 많은 세균이 있다.
⑥ 주방 및 조리기구에 가까이 두면 액정은 교차오염의 위험에 놓인다. 굳이 부엌에서 사용하고 싶으면 음성 모드를 사용해 통화하라.

3

미생물은
우리 안에 있다

신앙심 깊은 미생물?

헨켈 연구 부서에서의 나의 커리어는 다소 짜증나는 만남과 함께 시작되었다. 평가부에서 선정 절차를 거친 후 내 상사가 된 직원이 다가오더니 내가 말할 때 마치 신부님처럼 이야기한다고 지적한 것이다. 그다지 나쁠 것은 없지만 앞으로는 지양해주었으면 한다는 얘기였다.

사실 그 말이 나를 괴롭힌 것은 아니었다. 왜냐하면 나 또한 신학 공부하는 것을 하나의 대안으로 상상해본 적이 있기 때문이었다. 우리는 독실한 가톨릭 신자다. 아내와 내가 이런 믿음을 바탕으로 우리 아이들을 교육시켰다는 것을 깨달은 적이 있다. 별장의 정원에는 새를 위한 작은 웅덩이가 있었다. 우리 아이들은 항상 그곳을 지날 때마다 손가락을 웅덩이에 담그고 이마에 성호를 그었다.

과학과 종교가 한 사람 안에서 통합을 이룬다는 것은 쉬운 일이 아니다. 독실한 가톨릭 신자로서 나는 교회에 들어갈 때 당연히 문 앞에 있는 성수를 떠서 이마에 성호를 긋는다. 비록 축복을 주는 물이 담긴 용기가 항상 매력적으로 보이지는 않더라도 말이다. 특히 여름에는 더욱 그러하다. 미생물학자로서 나는 그 안에 어떤 종류의 생물들이 있을지 항상 관심을 가져왔다. 이런 나의 관심에 아내는 처음에는 그다지 호응하지 않았다. 아마도 우리 교회의 명성에 흠집이 생길까봐 걱정했을 것이다.

☀ ⸺ 성수 속의 포도상구균

물론 나는 공식적인 경로를 통해 목회자들에게 우리 교구 내의 성수를 미생물학적으로 분석하게 해달라고 허락을 구했다. 반응은 놀라울 정도로 긍정적이었다. 그런데 최악의 상황은 아직 오지 않았다.

2015년 초여름, 나는 두 명의 학생과 함께 필링엔 슈베닝겐과 주변 마을에 위치한 도시의 교회 세 군데와 시골 교회 두 군데의 성수에 포함되어 있는 세균 밀도를 조사했다. 실제로 성수 속에서 세균이 발견되었는데 그것도 아주 많은 수였다. 1ml당 최대 2만 1,000마리까지 들어 있었다!

54개의 성수 샘플에서 우리는 여러 가지 피부 및 수성 박테리아를 발견했는데, 특히 포도상구균은 피부 감염 및 종기와 같은 연조직 감염을 일으키는 원인 물질로 알려져 있다. 배설물 세균도 샘플에서 헤엄치고 있었다. 우리는 모두 20가지의 박테리아를 확인했다. 이 중 절반은 잠재적으로 병원성이었다.

독일에서는 지금까지 이와 비교할만한 조사가 이루어진 적이 없다. 아마도 과학자들 사이에 금기의식이 강하게 작용해서일 것이다. 하지만 이 주제의 양적 관련성은 너무나도 명백하다. 독일에는 2,400만 명의 가톨릭 신자들이 있다. 그중 10% 정도인 약 250만 명이 정기적으로 미사에 참여한다.

☀ ⋯⋯ 의학적 효능을 가진 샘을 주의하시오!

우리보다 몇 년 전에 오스트리아의 미생물학자들은 알프스 공화국의 교회와 병원 성당에 있는 신성한 샘물과 성수 샘플을 분석했다.

이 샘물의 14%만이 오스트리아 식수에 관한 법적 요건을 충족시켰다. 1ml당 최대 17만 마리의 세균이 발견되었고 배설물 박테리아가 자주 발견되었으며, 질산염 수치가 지나치게 높은 곳도 많았다.

더욱 극적인 것은 교회 성수반(聖水盤)의 상황이었다. 이곳에서 연구원들은 1ml당 6,700만 마리의 세균을 발견했다. 참고로 말하자면 독일과 오스트리아의 식수 규정은 1ml당 총 100마리의 세균만을 허용한다. 또한 배설물 세균도 발견되었는데, 대부분이 면역 체계가 약한 사람들에게 요로 감염이나 패혈증, 심장 염증을 일으킬 수 있는 대장균이었다.

오염의 주원인은 신자들의 손가락이었다. 그러나 이웃 나라인 오스트리아뿐만 아니라 독일의 신앙 공동체에게 걱정을 안겨주는 성수에는 또 다른 문제가 있다. 보통 성수는 1년에 몇 번만 축성을 위해 사용되고 그 후에는 커다란 용기에 저장된다. 오스트리아의 연구 동료들과 우리 푸르트방겐 연구팀이 발견한 것처럼 그 안에는 엄청나게 많은 수성 세균이 자라고 있다.

그리고 두 연구들 통해 공통적으로 발견한 또 다른 요소가 있었다. 두 연구팀 모두 가장 많은 신도들이 방문하는 교회 공동체에서 제일 세균이 많은 성수가 발견되었다는 사실을 개별적인 연구 결과 밝혔다. 반대로, 박테리아의 농도는 작은 교회일수록 감소했다. 주변의 작은 교회 두 군데의 성수에서 우리는 1ml당 100마리 이하의 세균이 살고 있는 것을 확인했는데 이는 식수의 질과 동일했다.

☀ ～～～ 성수는 위험한가

슈베닝겐에 있는 우리 교구의 신부님들은 연구를 시행하기 전 우리에게 다음 사항을 요청했다. '연구 결과를 즉시 《빌트(Bild)》지에 제보하지 말 것.' 나는 이 요청을 기꺼이 받아들였다. 그런데 푸르트방겐대학이 언론에 보도자료를 배포한다는 것을 교구에서는 고려하지 못했다. 게다가 연구 결과가 발표된 시기는 공교롭게도 세균으로 인해 슈베닝겐 주민들이 짜증을 내고 있던 시기와 겹쳤다.

지역 공공 사업자들은 식수의 배설물 오염으로 어려움을 겪고 있었고 심지어 병에 든 식수를 주민들에게 공급하기 시작했다. 독일의 경우 식수가 매우 잘 통제되고 있기 때문에 건설공사 등으로 인해 식수가 오염될 경우 매우 빠르게 오염 사실을 감지할 수 있다. 깨끗한 식수 공급은 사람들이 당연하게 여기는 요소 중 하나다. 그러니 당시 슈베닝겐 주민들에게 수도관에서 나오는 식수를 공급받을 수 없다는 것이 얼마나 고통스러웠겠는가.

아무튼 어느 날 아침 아내가 심각한 표정으로 말했다. "성수 속 세균 때문에 신부님에게서 전화가 왔네요."

아마도 신문기사가 난 후 전화벨 소리가 끊이지 않으니 이들도 혼비백산한 것이리라. 약한 면역체계에 병원성 세균이 미치는 영향에 대한 미생물학자들의 주문과도 같은 경고는 때로 이 문제에 대한 정보가 많지 않은 사람들 사이에서 의구심을 불러일으킨다. 그게 정말로 나쁜 것인가? 저 사람들이 위험을 과장하고 있는 것은 아닐까? 게다가 종교적인 샘과 성수에 관한 내용은 더욱 어처구니없게 들렸을 것이다. 하지만 의학 간행물에서 학술적으로 분석된 두 건의 감염 사례는 이 문제가 얼마나 심각한지를 보여준다.

버밍엄에서는 19세의 남자가 아파트 10층에서 뛰어내린 후 지역 재해 전문 병원으로 옮겨졌다. 젊은 친구는 추락해서 중상을 입었지만 기적적으로 살아남았다. 입원 후 6주 만에 그는 회복되었다. 그런데 회복기에 접어들었던 상처는 갑자기 다양한 전염병을 일으키는 병원균인 녹농균에 감염되었다. 부상자의 상태가 급격히 악화되었다.

환자는 혼자 입원실을 사용하고 있었기 때문에 감염의 원인은 수수께끼였다. 어느 날 오후 환자의 이모가 상처에 성수 뿌리는 것을 의사가 목격하기 전까지는 말이다. 좋은 의도로 행해졌을지 모르는 이 일이 거의 살인적인 결과로 발전한 것이다. 실험실에서 분석한 결과 사용된 성수는 실제로 녹농균 박테리아에 오염되었다는 것이 밝혀졌다.

리버풀 인근 프레스콧 마을에서도 비슷한 사례로 화상 환자의 상처가 감염되어 위험에 처한 일이 있었다. 범인은 아시네토박터(Acinetobacter)라는 병원성 박테리아로, 이 또한 화상 환자의 상처를 타고 모험의 길을 떠난 것이다. 방문자들이 축복의 의미로 성수를 상처에 뿌렸기 때문이었다. 그런데 특히 화상은 조직이 대량으로 파괴되기 때문에 쉽게 감염되고 치료가 매우 어렵다.

이 같은 연구는 무엇을 말하는 것일까? 성수는 외부 용도로만 사용되어야 하며 마시거나 상처에 뿌려서는 안 된다. 그러므로 병원에서 예배에 성수를 사용하는 것은 전면 중단하는 것이 바람직하다. 이미 사용된 성수에 소금을 첨가하는 것은 보존의 기능을 하므로 미생물의 오염을 막아준다. 구리로 된 성수 용기를 사용하는 것도 마찬가지 이유다. 기본적으로 모든 성수 용기는 정기적으로 청소해야 한다.

☀ ⟶ 신앙도 전염성이 있을까

고백하건대 나는 여전히 양심의 가책 없이 성수에 손가락을 담그고 물을 뿌린다.

교회 입구에서 성수에 손을 담그고 십자가를 긋는 것은 일반적인 세례의식이라고 기억할 것이다. 당신은 물론 그러한 의식에 대해 의구심을 품을 수 있다. 하지만 그 의식의 기원조차도 의심할 여지없이 인간에게서 비롯된 것이 아닌가?

실제로 러시아 과학자들은 2014년 학술지《바이올로지 다이렉트(Biology Direct)》에 글을 하나 발표했는데, 이들의 논문은 이러한 기본적인 가정에 의문을 던진다. 저자들의 가설은 매우 대담하게 들린다. 이들은 미생물이 우리가 종교적 의식을 치르도록 조종하는 것일 수도 있다고 말한 것이다. 어떻게? 감염을 통해 세균들은 한 사람에게서 다른 사람으로 더 쉽게 퍼질 수 있고, 이를 통해 진화적 이점을 얻을 수 있기 때문이다.

물론 그것은 단지 하나의 이론일 뿐이다. 그렇다면 종교는 그저 전염 매체의 일종일 수도 있다는 말인가? 아니면 이 가설은 전혀 무의미한 헛소리인가? 동물의 왕국을 간단히 살펴보며 기생충이 무엇을 할 수 있는지 알아보자. 작은 흡충류인 이른바 세르카리아(cercaria)의 애벌레는 숲 개미의 뇌로 침투해 거기서부터 개미의 행동을 조절할 수 있다. 더 무서운 것은 이들 기생충들이 심지어 개미들을 자살로 몰아넣기도 한다는 것이다.

이들 작은 벌레들은 밤에 풀잎 끝까지 올라오도록 개미들을 유인해 소나 양과 같은 더 큰 동물에게 잡아먹히도록 한다. 그리하여 개미는 죽지만 세르카리아들은 잘 지낸다. 이들은 새로운 숙주의 몸속에서 알을 부화시켜 완전히 발달된 유충으로 키운 다음 숙주의 배설물을 따라 바깥세상으로 다시 나온다. 역겹게 들릴 수도 있겠지만 사람들은 이들의 성공적인 생존 전략에 대해 존경을 표해야 한다.

그런데 통제병에 걸린 세균들이 정말 우리의 행동을 통제하는 것이 가능할까? 병원균이 뇌를 파괴하고 손상시킬 수 있다는 것은 잘 알려져 있다. 가령 급성 광견병에 걸리면 사람들은 격한 분노에 의해 통제 불가능 상태에 이른다. 그런데 비교적 근래에 과학자들은 미생물이 우리 뇌에 진정한 무선통신을 구축하는, 완전히 다른 의사소통 방식을 시도하고 있다는 점을 염두에 두고 있다.

이 연결 매체는 소위 장내 미생물 뇌 축이다. 우리 소화기 계통에 있는 미생물 종류인 장내 미생물은 오늘날 우리 몸에서 매우 민감한 두 번째 뇌로 여겨진다. 생물학자들은 장에 있는 미생물 세균군에 장애가 발생할 때 뇌에 분자 또는 호르몬의 형태로 경고 신호를 보내지 않을까 추정한다.

일부 연구자들은 우울증이나 자폐증과 같은 병들이 심각한 장내 미생물 장애의 한 표현이 아닐까 추정하기도 한다. 물론 과학자들은 이 연구를 통해 잠재적인 가능성을 본다. 어쩌면 장내 미생물의 기능에 대해 이해할 수 있다면 많은 질병을 치료하는 것도 가능할 것이다. 하지만 다소 불안한 질문을 하나 더 해보자. 장내 미생물이 뇌에 의식적인 행동의 일부가 아닌 일을 하도록 명령을 내릴 수도 있지 않을까?

만약 미생물들이 진화적 이유로 우리에게 위험한 행동을 하도록 명령할 수 있다는 것을 감안하면 우리는 놀랍도록 많은 종교적 의식들이 감염을 유발할 수 있다는 것 역시 깨닫게 된다. 그런데도 미생물은 가톨릭 신자들에게 여전히 우호적인 의미를 갖는 것처럼 보인다. 성수를 몸에 뿌리는 것은 고통 없이 병원균을 얻는 방법이다. 또한 훨씬 더 잔인한 방법이기도 하다.

☀ ⸺ 갈고리와 쇠사슬이 함께하는 피비린내 나는 의식

예를 들어 정통 유대인 공동체에서는 논란의 여지가 많은 할례의 관행인 메치챠브페(Metzitzah B'peh)가 여전히 적용되고 있다. 아주 오래된 유대인 할례의식에서 할례 의사인 모헬은 아기의 성기에서 포피를 분리한 후 출혈을 막기 위해 입으로 피를 빨아낸다. 이로 인해 아기에게 단순포진 바이러스가 감염될 수 있는 위험이 있다. 그 결과 뇌 손상에 이를 수 있으며, 심지어 사망할 수도 있다.

시아파의 수난극은 열흘간의 애도의식으로서, 그 중심에는 신자들의 종교적 자기학대 의식이 있다. 이는 결코 단순한 상징적 행위가 아니다. 신자들은 못이나 날이 달린 쇠사슬을 사용해 자신의 등을 채찍질한다.

힌두교 축제인 타이푸삼(Thaipusam)은 특히 인도, 말레이시아, 싱가포르에 사는 타밀족들에 의해 널리 행해지는 의식인데, 이 의식이 진행되는 동안 참가자들은 피투성이가 된다. 이들은 등에 강철 고리를 꽂거나 날카로운 도구로 볼과 혀에 구멍을 뚫기도 한다.

자발적으로 이런 절차를 밟는 사람들은 러시아 연구진이 논문에 제시한 것처럼 제정신이 아니거나 누군가에 의해 조종당하고 있는 것이 아닐까? 이것을 시험하기 위한 한 가지 방법이 있다. 이런 의식에 참가하는 종교적 신념에 가득 찬 이들과 이런 행사에 참여하지 않는 비종교적 참여자들의 미생물 성분을 서로 비교해보는 것이다. 하지만 이는 건초더미에서 바늘을 찾는 것만큼이나 막막한 일일 수도 있다. 어떤 미생물이 종교적인 열정을 원격으로 통제하고 있는지 어떻게 밝히겠는가? 만약 그것이 사실이라 할지라도 말이다.

한편 러시아 논문의 저자들은 위생 상태가 좋아짐에 따라 우리의 종교적 열정은 감소할 것이라고 예언하고 있다. 이들의 단순한 계산법에 따르면 세균이 적다는 것은 미생물을 통한 종교적 의식에서의 의식 왜곡도 적다는 것을 의미한다. 나는 러시아 연구원들이 이 이론으로 노벨상을 받을지 확신할 수 없다. 하지만 과학자로서 나는 그 실험에 참여하고 싶을 만큼 강한 호기심을 느낀다.

성수를 연구하는 동안 나는 성수를 위한 항균 첨가제를 개발하는 아이디어를 떠올렸는데 이는 세균을 안정적으로 죽임과 동시에 가톨릭 의례에도 부합한다. 향수를 기반으로 한 항균 첨가제는 어떨까? 이것으로 사업 아이템을 개발할 수도 있다. 하지만 지나친 위생의 강조가 신앙의 종말을 가져올 수도 있다는 가설을 고려해 개인적으로 이 사업 아이디어로부터 거리를 두기로 했다.

심지어 교회의 성수반도 수많은 미생물의 은신처를 제공한다. 미생물들은 물에서도 발생하고 교회 신자들의 손끝에서도 나온다.

자연적 저항:
미생물이 내성을 가질 때

미국 뉴멕시코주에 있는 레추길라 동굴은 세계에서 가장 멋진 장관을 자랑하는 종유석 동굴 중 하나다. 이 동굴은 길이가 200km가 넘는다. 거대한 동굴 미로는 퇴적암층이 빽빽하게 쌓여 있기 때문에 내부에 거의 물이 침투하지 않는다. 그 결과 고대 박테리아 변종들이 뉴멕시코의 지하 동굴 속에서 살아남았고 미생물학자들의 천국이 되었다.

보통 지하 통로로 접근하는 입구는 쇠창살로 잠겨 있다. 다만 예외적으로 연구자를 들여보내주기도 한다. 그런 행운을 거머쥔 연구자 중 하나가 캐나다의 생화학자인 게리 라이트(Gerry Wright)였다. 그는 바위에서 93개의 미생물 샘플을 긁어 집으로 가져갔다.

온타리오주의 해밀턴에 있는 실험실에서 그는 가장 흔한 항생제

26개로 대략 400만 년 된 물질을 처리했다. 거기서 충격적인 사실을 발견했다. 거의 모든 박테리아 변종이 적어도 한 종류의 항생제에 내성이 있었고, 심지어 여러 가지 항생제에 내성을 보이는 박테리아도 있었다. 또한 이 균주 중 세 종류는 14가지의 활성 성분에 대한 저항력을 가지고 있었다.

특히 무섭게 여겨지는 것은 고대 미생물 중 일부가 상대적으로 젊은 항생제의 결점을 찾는 데 성공한 것이다. 이는 박테리아가 이미 오래전부터 항생제와 효과적으로 싸울 수 있는 능력을 갖추고 있다는 증거였다.

그런데 400만 년 전에는 항생제가 없지 않았는가!

분명 화학적으로 생산된 항생제는 없었다. 하지만 순수한 자연 항생제는 확실히 존재했다. 그것은 아마도 미생물 자체의 발명품일 수도 있다. 어떤 단세포 생물들은 이들을 전투 요원으로 활용해 적들을 가차 없이 물리치기도 했다. 하지만 생존을 위한 경쟁은 끊이지 않았고, 그 결과 자연 항생제의 회복력은 강화될 수 있었다.

☀ ⸺ 수천 명이 내성균으로 죽었다

따라서 항생제에 대한 저항력은 완전히 자연적인 것이며 현대적 현상만은 아니다. 이는 인류에게는 다소 슬픈 소식이다. 왜냐하면 병원성 세균과의 경쟁이 토끼와 거북이의 경주와 비슷하다는 것을 확실히 볼 수 있기 때문이다. 어찌된 일인지 우리는 항상 뒤처지고 있고 끝에 가서 이길 가능성조차 거의 없다.

세계보건기구는 이미 우리가 '항생제 이후의 시대'로 가고 있다고 본다. 석유가 언젠가는 고갈되듯이 항생제에 대한 대안도 시급하게 찾아야 하는 것이다. 로베르트 코흐 연구소에 따르면, 다제내성 감염으로 인해 독일에서만도 이미 매년 1,000~4,000명이 사망하고 있다. 유럽에서는 매년 2만 5,000명이 사망하고 미국에서는 약 2만 3,000명이 슈퍼 세균에 희생되고 있다.

2018년 3월, 한 영국인이 동남아시아에서 성관계를 하는 동안 임질에 감염되었다는 사연이 헤드라인을 장식했다. 이 성병은 흔히 '임질(clap)'이라 불리는 종류로 보통 항생제로 잘 조절된다. 그러나 그가 감염된 변종은 항생제 치료에 반응하지 않았다. 결국 응급환자에게만 쓰이는 최후의 항생제 수단으로 겨우 이 감염자를 치료할 수 있었다. 유럽질병예방통제센터는 앞으로 이 성병을 치료하는 것이 위험해질 수 있다고 경고했다.

하지만 위험한 성적 행동을 하지 않았더라도 당신 또한 내성 강한 세균의 표적이 될 수 있다. 예를 들어 말벌에 쏘이는 것과 같은 하찮은 사건으로도 세균 감염이 가능하다. 또한 병원 응급실에 실려 갔을 때 그곳에 있는 슈퍼 세균에 감염될 수도 있다. 이 같은 시나리오는 오랫동안 지역 병원에서는 생각할 수도 없는 일이었다.

'최후의 치료법'이라는 응급 항생제의 영어 이름은 꽤 많은 것을 시사한다. 그야말로 이 약은 최후의 수단이기 때문이다. 이 극적 처치 이후에는 그저 신에게 기도하는 일만 남아 있다. 이 약의 드라마틱한 이름은 그보다 더 적절할 수 없는데 마지막 항생제가 효과를 보인 이후에도 환자의 전망이 처음에는 그다지 좋지 않았기 때문이다. 응급 항생제는 보통 기존의 항생제만큼 효과가 없기 때문에 계획한 치료는 지리멸렬하게 이어질 수 있다. 게다가 이약들은 훨씬 견디기 어렵고 계속해서 심한 부작용을 일으킨다.

그럼에도 불구하고, 사람들은 진정한 위험에 대해 아직 인식하지 못하는 경우가 많다. 강의 중에 나는 청중들에게 전염병을 얼마나 두려워하는지 종종 물어보곤 한다. 대부분은 고개를 흔든다. 사람들은 전염이란 주제에 대해 느긋하고 무지하다. 이는 특정한 사항을 통해서도 볼 수 있다. 예를 들어 실험실 프로토콜에서 한 학생은 '항생제' 대신에 '항생제 호랑이'라는 표현을 일관되게 사용했는데 불행히도 이는 그저 농담으로 끝나지만은 않는다.

항생제는 오늘날 우리 삶의 일부분으로 치명적인 부주의함이 확산되고 있다. 환자들은 바이러스성 질환에 노출되었을 때조차 박테리아를 죽이는 항생제를 처방해달라며 의사를 괴롭히는데, 설령 처방을 받더라도 이런 경우에는 전혀 효과가 없다.

항생제가 없는 세상을 상상하려면 중세로 돌아가야 한다. 제1차 세계대전 때 항균제를 구할 수 없어 참전 병사들이 전장의 파리처럼 죽어나간 것이 불과 100여 년 전의 일이다. 새로운 발사체들이 젊은 병사들에게 끔찍한 부상을 입혔고 참호의 흙이 상처에 들어가 종종 감염을 일으켰다. 이들 중 많은 수가 치명적인 괴저로 인해 목숨을 잃었다.

가장 널리 알려진 항생제는 페니실린으로, 1940년대부터 인간에게만 사용되었다. 1945년, 영국의 알렉산더 플레밍(Alexander Fleming), 하워드 플로리(Howard Florey), 그리고 에른스트 체인(Ernst Chain)이 이로 인해 노벨의학상을 받았다. 내 생각에는 역대 노벨상 중 가장 받을만한 가치가 있는 수상이었다.

페니실린 투여는 박테리아 세포벽의 형성을 조절하는 핵심 효소를 억제한다. 젊고 아직 자라고 있는 박테리아의 세포벽은 이로 인해 부드러워지고 페니실린은 세포 속으로 흘러들어가 터져 죽게 만든다. 기발한 메커니즘이라 할 수 있다. 세포 형성을 위한 이 효소는 박테리아에서만 발생하지 인간이나 동물의 몸에서는 발생하지 않기 때문에 페니실린은 선택적으로 박테리아만 죽일 수 있다.

☀ ⟋⟋⟋ 미생물의 강력한 힘

알려진 항생제는 약 8,000개다. 이들 대부분은 다양한 이유로 대량생산에 적합하지 않다. 의학적 치료에 활용되기에 너무 비싼 경우도 있고, 때로는 기술적인 생산이 너무 복잡할 수도 있다. 어떤 물질은 인체에 독성이 있고, 어떤 물질은 오래 지속되지 않거나, 인체에 너무 빠른 영향을 미친다. 결과적으로 의학적 치료에 활용되는 항생제는 현재 약 100개 정도에 지나지 않는다. 그들 모두는 작은 분자의 변이를 통해 공격적인 박테리아 세포를 붕괴할 수 있는 능력을 가지고 있다.

물론 다양한 박테리아를 공격할 수 있는 광범위한 스펙트럼을 가진 항생제도 있고 특정한 박테리아 그룹만을 겨냥하는 항생제도 있다. 불행히도 항생제는 '쓸모 있는' 박테리아와 '유해한' 박테리아를 구별하지 않는다. 좋은 것이냐 나쁜 것이냐는 상황에 따라 달라질 수 있다. 대장균 박테리아는 장에서는 큰 역할을 한다. 그러나 요도에서는 매우 예민하고 불쾌한 감염을 일으킨다.

앞에서 언급했듯이, 박테리아는 항생제의 공격으로부터 스스로를 보호하고 그것에 내성을 갖는 자연적 능력을 가지고 있다. 내성은 환자가 치료하기 위해 처방받은 어떠한 약도 박테리아를 해치지 못한다는 것을 의미한다.

미생물이 활동을 하는 방식에는 사악한 힘이 작용한다. 특히 이 단세포 생물이 세포질과 일부 DNA 정도로만 구성된다는 것을 감안한다면 말이다. 페니실린의 특징은 박테리아의 세포벽을 형성하는 효소를 제거한다는 것이다. 그러나 일부 박테리아는 이 파괴 프로그램에 대항해 약물이 더 이상 접근할 수 없도록 변형된 효소를 개발했다. 이렇게 해서 가장 유명한 항생제조차 무용지물이 되었고 MRSA(메티실린 내성 황색포도상구균, Methicillin Resistant Staphylococcus Aureus)가 탄생했다.

효소의 분해작용을 통해 항생제를 파괴할 수 있는 박테리아도 있다. 이들은 또한 약 성분이 도달하지 못하도록 고치처럼 자신을 싸매기도 한다. 가장 매혹적인 세균 자가 증식 방법 중 하나는 이른바 막 전달체로, 세포가 항생물질을 체외로 빠르게 퍼내는 펌프질을 하는 것이다.

공격을 물리치는 이 놀라운 능력은 박테리아와 바이러스 외에도 모든 미생물들이 가지고 있으며 자체적으로 개발한 것이다. 그런데 인간은 항생제에 내성이 생기도록 하는 데 많은 기여를 하고 있다. 이미 항생제를 복용하고도 중간에 복용을 중단하게 되면 박테리아 변종의 저항력을 촉진시킬 수 있다.

임상 연구에 근거해, 의약품은 특정 감염을 조절할 수 있는 확률이 높은 약을 복용하도록 처방된다. 권장되는 섭취 처방을 고수한다면 치료에 효과가 있다. 충분한 시간 안에 필요한 항생제 농도로 인체 내의 감염 장소에 확실하게 도달할 수 있기 때문이다. 그리하여 실제로 해로운 세균들이 모두 제거된다. 일반적으로 감염 증상은 항생제를 복용하는 즉시 급속히 감소한다. 처음 약이 투입되는 것만으로도 엄청난 양의 사악한 세균들이 죽는다. 그것은 감염 장소에서 매우 빠른 속도로 독소가 생성된다는 것을 의미한다. 또한 신체의 방어력이 항균제의 지원을 받아 제자리를 찾게 된다. 그러면 우리 몸이 뇌에 '이제 괜찮아졌어!'라는 신호를 보낸다. "굳이 남은 알약을 먹어야 할까? 쓰레기통에 버리자!" 이는 엄청난 화를 불러올 수 있는 생각이다.

왜냐하면 첫 번째 폭풍우에서 살아남은 저항성 박테리아들이 더욱 강하게 공습을 해올 것이기 때문이다. 이들은 이제 방해세력 없이 자신들의 힘을 퍼트릴 수 있다. 먹이를 위해 경쟁하던 동료들도 이미 항생제의 희생양이 되었기 때문이다. 몸이 아플 때 끝까지 항생제를 복용하는 것이 역설적으로 훨씬 건강을 위해 도움이 된다는 사실을 알아야 한다.

☀ ─────── 99.9% 무균: 꼭 그렇게 해야 하는가

앞의 설명을 보면 미생물에 대한 실행 가능한 접근 방식이 우리가 보통 문제를 해결하는 방식에 비해 논리가 결여되어 있는 것처럼 보인다. 위생이라는 주제에 대해서도 혼란스러운 부분이 있는데, 나와 같은 과학자도 이런 혼란에 책임이 없지는 않다. 오랫동안 우리는 사람들에게 집에 웅크리고 있는 모든 세균을 박멸해야 한다고 말해왔다. 각 가정에 모든 세균의 99.9%를 죽일 수 있는 것으로 알려진 슈퍼 세정제가 한 병씩 있는 것도 나름의 이유가 있다. 하지만 우리의 가정을 병원처럼 멸균 공간으로 만드는 것이

유용하지 않다는 사실이 점점 분명해지고 있다.

내가 아는 바로는 집에서 특수 소독제를 사용하는 것이 건강한 사람들에게 이롭다는 것을 증명하는 연구는 단 한 건도 없다. 오히려 소독제나 특수 물질이 함유된 세척제를 부주의하게 사용하는 것이 위험한 세균에 잠재적으로 유익할 수 있다는 증거가 증가하는 추세다. 심지어 소독약을 잘못 사용하면 항생제 내성을 촉진할 수 있다는 징후도 있다.

소독제는 실제로 무균 상태를 만들고 세균을 확실하게 죽이기 위해 만들어진 것이 아니다. 이들의 가장 큰 임무는 전염병의 확산을 막는 것이다. 항생제와 달리 소독제는 어떤 특정 세균을 대상으로 하지 않는다. 소독제는 과학자들이 선호하는 용어대로 변성을 통해 미생물 유기체의 핵심구조나 생체분자, 예를 들어 세포막의 단백질이나 지방을 파괴한다.

특히 병원 내 소독약에는 위험한 병원균에 대한 이른바 1차 방어선으로서의 중요한 기능이 있다. 이들은 적절한 농도와 지속시간으로 항생제 내성 박테리아를 효과적으로 죽인다. 알려진 화학 소독제로는 알코올, 오존, 염소, 과산화수소, 요오드, 클로르헥시딘, 구리, 은 등이 있다. 그런데 이들 소독제를 제대로 사용하지 않는다면 어떻게 될까?

　　　　위험한 습관 중 하나는 수돗물로 소독제를 희석시키는 것이다. 또는 돈을 아끼기 위해 박테리아 표면에 소독제를 미량만 도포하는 경우다. 저항력이 특별하게 강한 미생물은 절반의 공격만으로는 오히려 반사이익을 얻는다는 것을 다양한 연구 결과가 암시하고 있다. 항생제의 사용과 마찬가지로 소독제는 주로 약한 미생물을 죽인다. 하지만 사악한 세균들은 경쟁하던 동료들이 사라진 후에도 여전히 살아 있으며 오히려 생존력이 강화된다.

　그런데 여기서 더 걱정스러운 것은 이러한 화학물질들이 항생제에 대한 내성의 발달을 촉진할 수도 있다는 것이다. 녹농균은 특히 나쁜 병균으로 여겨지는데, 이들 세균은 화장실 세면대나 샤워기, 변기 등 습기가 많은 곳에 숨어 있다가 약해진 유기체에 불쾌한 여러 문제를 일으키고 때로는 폐렴과 같은 감염 위험을 불러오기도 한다.

　실험실에서 아일랜드 연구원들은 방부제와 소독제인 염화벤잘코늄(Benzalkonium chloride)이 함유된 많은 항생세제와 세척제를 사용해 악성 세균 샘플을 괴롭혀 보기로 했다. 병원균은 이로 인해 죽기는 했지만 오히려 특정한 농도 이하에서는 세균이 소독제에 적응하는 결과를 보이기도 했다.

　그 후 과학자들이 항생제 시프로플록사신(Ciprofloxacin)으로 세균에 맞섰을 때 놀라운 사실을 발견하였다. 녹농균 박테리아는 장, 담도 및 요로 감염에 대해 사용되는 보존 약품에 내성이 있는 것으로 입증된 것이다. 이들 병원균들이 이전에 항생제와 한 번도 접촉한 적이 없었음에도 불구하고 말이다. 박테리아가 염화벤잘코늄을 무력화한 것처럼 세포막 수송체도 항생제를 밖으로 내보내는 역할을 했다.

그렇다면 가정용 세척제 사용은 어떻게 해야 하는 것일까? 살균제와 같은 강력 세정제를 항상, 그리고 예방적인 목적으로 가정 내에서 사용할 이유는 전혀 없다. 그러나 급성 또는 만성질환이 있는 가족구성원을 집에서 돌보는 경우 이 규칙은 예외가 될 수 있다. 단, 책임 있는 가족구성원이 주치의나 약사 등에게 소독제의 사용에 대한 조언을 얻는 것이 무엇보다 중요하다.

미생물 성장을 억제하는 방법

살균제를 쓰지 않고 가정에서 미생물의 성장을 억제하는 간단한 방법은 다음과 같다.

① 70℃ 온도로 찌거나 굽거나 뜨거운 물로 씻는다.
② 고에너지 방사선: 햇빛(UV방사선), 마이크로파
③ 탈수: 건조, 환기, 염장, 설탕절임
④ 산 또는 알칼리: 식초, 구연산, 염산, 비누, 암모니아
⑤ 저온 또는 냉동: 낮은 온도는 성장을 둔화시키고, 냉동은 열보다 비효율적이지만 멸균 효과가 있다.
⑥ 계면활성제: 비누, 세제 및 세척제
⑦ 민감한 부분은 특별한 방식으로 세척
⑧ 민감한 품목(부엌 수세미 등)의 정기적 교체

여행하는 세균들

슈베닝겐과 같은 작은 도시에 사는 것도 때때로 장점이 있다. 대부분의 목적지는 걸어서 갈 수 있는 거리 내에 있거나 운전한다고 해도 최대 5분을 넘지 않는다. 이는 무엇보다도 필요한 경우 대중교통을 피할 수 있다는 것을 의미한다. 특히 독감이 유행하는 계절에는 이것이 절실할 수 있다.

내가 이렇게 말하면 호들갑 떤다고 하겠지만 이 문제에 관한 한 나는 회의론자로서의 약점을 인정할 수밖에 없다. 기본적으로 독감처럼 전염되기 쉬운 질병은 대중교통을 통해 옮겨올 가능성이 높기 때문이다. 특히 겨울이면 많은 사람들이 기침을 하고 코를 훌쩍이며 대중교통을 함께 이용한다.

미생물은 현대의 운송수단으로부터 엄청난 이익을 얻는다. 상대적으로 무해한 감기는 그다지 놀랍지 않을 수도 있다. 하지만 독감이라면 이야기가 달라진다. 독감은 감기가 아니며 감기의 전형적인 증세이기도 한 고열과 몸살을 동반하는 심각한 감염 질병이다. 2017년에서 2018년 독감이 유행하던 계절에 사망한 독감 환자만 해도 1,665명에 달한다는 무서운 통계 결과가 있다.

비교하자면 2011년 독일에서 53명이 장출혈성 대장균 감염증으로 사망했다. 그것을 촉발한 원인으로 세균에 오염된 이집트산 호로파 새싹이 지목되었다. 2011년 5월과 6월, 그 원인을 알지 못해 독일의 대중들은 집단 공황 상태에 사로잡혔다. 이 사건의 심각성을 결코 상대화시켜서는 안 된다. 하지만 이를 통해 우리는 흥미로운 심리적 반응을 엿볼 수 있다. 놀라운 것은 사람들이 '독감'이라는 단어에는 심각한 불안을 보이지 않는다는 것이다. 그저 겨울에 발생하는 좀 심한 감기 증세로 인식하는 것이다. 하지만 이는 사실이 아니다.

슈바르츠발트-바르 교통협회의 대중 교통망이 나쁘다는 것은 아니다. 다만 일반적으로 오늘날 전 세계로 뻗어 있는 교통망이 예전보다 병원균과 전염병의 확산을 훨씬 더 빨리 가능하게 한다는 점을 지적하고 싶다.

☀ ⸺ 세균은 기록적인 속도로 이동한다

오늘날 4,000여 개 이상의 공항들이 전 세계적 항공 교통망으로 연결되어 있다. 여행객들은 기본적으로 한 사람당 2,500개 이상의 연결망을 가지고 있다. 연간 30억 명 이상의 승객들이 전체적으로 하루에 140억km를 여행할 수 있는 규모다. 게다가 상상을 뛰어넘는 다양한 열차 연결과 전 세계를 연결하는 항로, 그리고 마지막으로 우리의 삶 속에 깊숙이 들어온 거리 교통을 모두 생각해보라.

지금까지 인류 역사상 A에서 B구간으로 위험한 병원균들이 이토록 손쉽게 이동할 수 있었던 적은 없었다. 대륙 간 비행기 안이건 슈베닝겐의 버스 좌석에 있건 말이다.

병원성 미생물이 전 지구적 전염병으로 진화했던 간명한 예로, 14세기 중반 중부 유럽에서 발생해 2,500만 명에서 5,000만 명 사이의 인명을 앗아간 페스트 전염병을 들 수 있다. 페스트의 확산에는 당시 이미 구축되었던 세계 해상 수송로가 큰 기여를 했다. 지중해 항구와 크림 삼각주 사이의 무역로를 통해 페스트균은 아시아에서 유럽까지 끊임없이 왕래했다. 하지만 그 당시에는 병원균이 퍼지는 데 보통 수십 년이 걸렸다.

14세기의 유럽인들은 거의 지역 내에서만 이동했기 때문에 전염병은 기어가는 속도로 사람들을 공격했다. 가장 최근의 계산에 따르면 당시 전염병은 하루에 약 4~5km의 속도로 남쪽에서 북쪽으로 일정하게 확산되었다.

다른 전염병들이 퍼지는 데도 비슷한 시간이 걸렸다. 이는 질병의 기원에 대한 광범위한 혼란을 야기했다. 미생물학자 요르그 하커(Jörg Hacker)는 15세기 후반 유럽에서 유행한 성병 매독에 대해 다음과 같이 말한다. "매독은 프랑스에서는 '나폴리 병'이라고 불렸으나 나폴리에서는 '프랑스 병'이라고 불렸다. 영국에서 매독은 '프랑스 병' 혹은 '스페인 병'으로도 불렸으며 포르투갈에서는 '카스티야(스페인의 한 지역-옮긴이) 병'으로 불렸다. 또 폴란드에서는 '독일 병'으로 불렸으며 러시아에서는 '폴란드 병'으로 불렸다."

☀ ⟶ 순환 전염병의 확산

현대에는 전염병이 하루에 약 100~400km 정도로 빠르게 이동한다. 하지만 전염병의 근원지를 찾는 것은 여전히 중요한 도전이다.

베를린 훔볼트 대학교의 물리학자 더크 브로크만과 취리히 연방공과대학의 사회학자 더크 헬빙은 전염병의 확산을 예측할 수 있는 수학적 모델을 개발했다. 21세기의 병원성 세균이 지구 주위를 이동하는 구불구불한 경로를 이들은 '숨겨진 기하학'이라고 부른다.

현대의 복잡한 이동 구조 때문에 처음에는 전염병의 소멸 과정을 거의 예측할 수 없는 듯했다. 하지만 브로크만과 헬빙은 예측할 수 있는 일정한 패턴이 존재한다는 것을 알아냈다. 그들에 따르면 전염병은 물에 던져진 돌에 의해 형성된 동심원과 비슷한 원형으로 퍼진다. 두 과학자들은 이 모델과 함께 미생물의 움직임에 대한 관점에서 이동 거리를 규정하는 용어를 도입했다. '유효한 거리'라는 공식을 통해 이들은 우리 시대에는 교통 연결 방식이 km 단위의 절대 거리만큼이나 중요하다는 사실을 포착했다. 괴로운 개인적 경험을 통해 나도 매우 흥미로운 한 가지 사실을 확인했다. 만약 당신이 슈베닝겐에 있는 기차역에서 기차를 탄다면, 100km 떨어진 슈투트가르트 공항까지 가는 데 약 2시간이 걸린다. 동시에 슈투트가르트로부터 500km 이상 떨어진 파리까지도 비행기로 쉽게 이동할 수 있고, 비행기에서 내려 공항 제과점에서 갓 구운 크루아상을 살 수도 있다.

☀ ━━━━━ 비행기 내부는 거의 멸균 상태

비행기는 세균의 확산에 있어서 애매한 운송 수단이다. 가령 제트기는 승객과 함께 이국적인 병원체를 지구의 외진 곳에서 순식간에 독일로 데려올 수 있다. 중증급성호흡기증후군(SARS) 전염병도 남중국에서 유럽, 캐나다로 몇 주 이내에 옮겨졌다. 2003년 봄, 코로나바이러스에 의해 유발되는 이 호흡기증후군은 대규모 비행경로를 따라 먼저 확산되었다.

그렇지만 비행기 자체에는 박테리아와 세균이 우리가 생각하는 것보다 훨씬 적다. 미생물 밀도가 가장 높은 곳은 분명 좌석의 접이식 테이블일 것이다. 그러나 1cm²당 약 300마리의 세균은 미생물학자에게 경종을 울릴 만한 양이라고 보기에는 턱없이 모자라다.

실내 공기는 고효율 미립자 공기(HEPA) 필터를 통해 약 2~3분마다 교체된다. 그 결과 공기 중의 모든 박테리아가 거의 100% 제거된다. 이렇게 공기가 깨끗한 상태는 수술실에 비견할 수 있다.

긴 비행 후 감기 증상을 호소하는 승객이 있다고 해도, 그건 비행기 내부에 치명적인 병원균의 흔적이 있어서 그런 것은 아니다. 오히려 에어컨이 있는 방의 매우 건조한 공기가 점막을 건조시킨다. 이는 병원균들이 우리의 호흡기에 더 쉽게 들어갈 수 있게 해주기 때문이다. 하지만 이런 현상은 보통 비행기 바깥에서 일어난다. 왜냐하면 기내에 있는 건조한 공기는 병원균에게 생존 기회를 그리 많이 주지 않기 때문이다.

연구에서 알 수 있듯이 사실 비행기에서 독감 병원균에 감염되는 일은 그리 흔치 않다. 미국 과학자들은 재채기를 하고 난 후 인플루엔자 바이러스의 확산을 감지하는 시뮬레이션을 개발했다. 연구원들은 탑승한 승객들의 움직임과 인플루엔자 바이러스의 인간 사이의 감염에 대한 지식을 종합해보았다.

그 결과 놀라운 사실이 발견되었다. 인플루엔자에 감염된 사람으로부터 두 자리 이상 떨어져 있는 승객들은 모두 세균 공격으로부터 꽤 안전했다. 이는 기본적으로 비행기 내부의 공기 흐름에 달려 있다.

공기는 초당 1m의 속도로 천장을 통해 실내로 펌프질된다. 그리고 창가 좌석 아래에서 다시 빨려 나간다. 이렇게 되면 위에서 아래로 유도되는 층류 흐름이 생성된다. 따라서 종적 기류도 수평 기류도 없다.

같은 연구에서 연구원들은 독감 시즌 동안 발생한 호흡기 질환의 가장 흔한 원인 물질 18가지에 대해 10대의 대륙 간 비행기를 대상으로 연구했다. 하지만 이들 비행기의 실내 공기에서는 병원균이 발견되지 않았다.

☀ ⸺ 말라리아: 독일의 수입병 1위

그런데 또 다른 사실이 있다. 베를린의 로베르트 코흐 연구소는 독일에서 연간 1,000건의 말라리아 환자가 발생한다는 사실을 보고했다. 이들은 비행기를 통해 국내로 유입된다.

사실 말라리아는 독일에서는 소멸된 질병으로 간주되었다. 제2차 세계대전 직후까지 말라리아는 독일 전역에 광범위하게 퍼져 있었다. 특히 라인강 홍수의 예에서 볼 수 있듯이 습한 기후에는 병원균인 삼일열 말라리아 원충이 번성할 수 있다. 이 기생충은 암컷 말라리아 모기를 통해 전염되었는데, 이 모기는 드물기는 하지만 오늘날까지도 이들 지역에 서식하고 있다.

말라리아의 가장 잘 알려진 피해자는 극작가 프리드리히 실러(Friedrich Schiller)로, 만하임의 젊은 극작가이자 시인이었던 그는 오한을 느끼는 열병에 걸렸다. 열을 내리기 위해 실러는 기나나무의 껍질을 씹었는데 말라리아보다는 오히려 자가 치료의 수단이었던 이 나무껍질로 인해 그는 생명을 잃을 뻔했다. 몇 주 동안 그는 죽만 먹었고 이로 인해 거의 탈진했다.

19세기 초에 시작된 라인강을 비롯한 하천 정비사업으로 인해 강은 일직선이 되었고 여러 습지가 건조해지면서 말라리아가 사라졌다. 그러다 장거리 여행을 다녀온 독일 여행자들이 말라리아를 외국에서 데리고 왔다. 대부분 생명을 위협하는 병원균인 열대열 말라리아 원충이었다. 로베르트 코흐 연구소의 진단에 따르면, 독일에 수입된 전염병 중 1위가 말라리아다. 이런 위협적인 형태의 열대병이 어떻게 다시 번성할 수 있게 되었을까?

균에 감염된 잠재적인 전이체인 말라리아 모기에 물렸을 때 말라리아가 발생할 수 있다. 이는 완전히 비현실적이지는 않지만 가능성이 그리 크지 않은 시나리오다. 왜냐하면 말라리아 모기는 독일에서 흔히 볼 수 있는 빨간 집모기와는 달리 흔하지 않기 때문이다. 게다가 말라리아는 감염되면 즉시 보고를 해야 하고 신속하게 치료해야 한다. 사람 간의 감염은 불가능하다.

열대지역을 연구하는 의학자들이 말라리아의 귀환이 삼일열 말라리아 원충에 의해 발생한 것을 알아차린 것도 꽤 오래되었다. 그렇다고 해서 이것이 전염병의 재발을 의미하는 것은 아니다. 전문가들이 주장한 것처럼 삼일열 말라리아 원충은 에리트레아에서 온 난민들에 의해 독일로 유입되었다. 그러나 이런 경우에도 사람 간의 감염 위험은 없다.

☀ ─── 위장 속 세균의 세계 여행

우익 단체들은 난민들이 위험한 전염병을 자국 내로 옮길 수 있다는 우려를 증폭시키려 한다. 하지만 전문가의 관점에서 볼 때 이는 현실과 전혀 일치하지 않는 음흉한 선동일 뿐이다. 이들 난민들이 가져오는 질병은 잘 알려진 문명병인 고혈압이나 치과 질환, 그리고 모국에서 겪은 고난의 결과로 얻은 외상 후 스트레스 장애 등이다. 그런데 질병과 관련해 희생양을 찾는 형태는 오랜 전통을 가지고 있다. 14세기 전염병으로 인해 유대인들은 유럽 전역에서 집단학살을 당하거나 박해를 받았다.

이동성에 대한 욕구가 호모 사피엔스의 유전자에 있다는 것을 우리는 기억해야만 한다. 인류는 약 6만 년 전에 세상을 발견하기 위해 아프리카에서 출발했다. 그리고 가는 곳마다 자신의 박테리아를 데리고 다녔다. 최근 가장 주목할만한 발견으로는 2005년 호주 미생물학자 배리 마셜과 로빈 워런에게 생리학 또는 의학 부문의 노벨상을 안겨준 헬리코박터 파일로리라는 박테리아에 대한 설명이다.

인류의 약 절반이 이 미생물을 가지고 있는데, 이 미생물은 위장의 산성 환경에 정착하며 그 결과로 궤양이나 암을 일으킬 수 있다. 박테리아의 전염은 인간에게서 인간으로 임의적으로 일어나는 것이 아니다. 오히려 부모로부터 자식에게로 옮겨지는 것이라고 보는 편이 더 맞을 것이다. 이 과정을 '수직적 전이'라고 부른다. 과학자들은 사람들이 각기 고유한 헬리코박터균 변종을 가지고 살아간다는 사실을 증명할 수 있었다. 그리하여 균주의 유사성에 근거해 인류의 다른 이동 경로를 추적하는 것이 가능해졌다. 예를 들어, 이 연구에 의하면 오늘날 유럽인들은 1만 년 전에 중동에서 형성된 아프리카인과 아시아인의 박테리아가 혼합된 헬리코박터 변종을 가지고 있다.

한편 연구원들은 5,300년 된 빙하 미라인 외치(Ötzi, 1991년 이탈리아·오스트리아 국경에 위치한 외츠탈 알프스 빙하에서 발견된 약 5,300년 전 남성 미라—옮긴이)의 위장에서 헬리코박터균 유전물질을 분리했다. 예상과 달리 이 신석기 후기 인류는 오늘날 주로 중남아시아 주민들에게서 볼 수 있는 박테리아 변종을 가지고 있었다.

이 발견을 통해 과학자들은 하나의 결론을 도출할 수 있었다. 유럽인의 정착 과정이 이전에 추정했던 것보다 훨씬 복잡했을 것이라는 점이다. 이 사실을 통해 또 하나를 확인할 수 있었다. 우리가 거

의 자연스럽게 받아들이는 '국가'니 '민족'이니 하는 개념은 최근의
인류 역사와 관련된, 현대적 발명에 불과하다는 것이다.

대중교통에서의 전염병 예방

- 예방접종(예: 독감 예방접종)
- 대중교통 사용 후 손 씻기
- 병에 걸린 것이 확실한 사람과는 가능한 접촉 피하기(신문 읽기가 좋은 방법이다.)
- 위생적으로 행동하기: 심하게 아플 때는 여행을 하지 말고, 손수건이나 팔뚝에 코를 대고 기침을 한다.

세균에게 있어 여행자는 가장 큰 원천 중 하나다. 병원균을 포함한 고유한 미생물 세균군이 우리와 함께 동반한다.

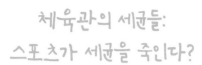

체육관의 세균들:
스포츠가 세균을 죽인다?

1997년 늦가을, 보루시아 도르트문트(BVB)의 팬들은 이 축구단에서 최고의 성적을 거둔 선수 중 한 명이 돌아오기를 기다리고 있었다. 당시 30세였던 마티아스 자머는 분데스리가 경기에서 부상을 입었고 그 후 얼마 지나지 않아 수술을 받기 위해 베를린으로 떠났다.

일상적인 치료로 보였지만 BVB와 독일 국가대표팀의 스타인 자머가 다시는 선수로 축구 경기장에 나서지 못할 것이라는 사실을 당시엔 누구도 짐작조차 하지 못했다. 게다가 자머가 복귀할 것이라고 예상되던 순간까지 죽음과 씨름하고 있었다는 사실은 더욱 알려지지 않았다.

수술 직후, 자머의 무릎은 괴상하게 부풀어 올랐다. 의사들은 당황스러운 반응을 보였다. 알고 보니 이미 손상된 자머의 무릎 연골은 자가 증식을 하는 다발성 세균에 감염되어 있었다. 의사들이 염증의 근원에서 치명적인 감염이 일어나는 것을 막으려 급히 투여했던 항생제는 모두 실패하고 말았다.

마침내 축구선수를 구할 수 있는 마지막 항생제가 하나 남았다. 그리고 다행히 기적이 일어났다. 항생제는 성공적으로 작용했고 마티아스 자머는 살아남을 수 있었다. 큰 행운이었다. 다제내성균에 감염되어 살아남지 못한 환자도 꽤 많았기 때문이다. 독일 병원에서는 연간 1,000명에서 4,000명 정도의 환자가 다제내성 세균에 감염되어 사망한다.

자머의 사례가 특별한 이유는 따로 있다. 자머는 의도치 않게 사람들에게 널리 알려지고 큰 관심을 받게 되어 이 질병에 관한 한 일종의 선구자가 되었다. 1997년에는 MRSA라는 약자 뒤에 숨겨진 의미가 무엇인지 아는 사람이 거의 없었다.

이 약칭은 메티실린(Methicillin) 또는 항생제 내성 세균(Methicillin Resistant Staphylococcus Aureus)을 의미한다. 여기서 말하는 포도상구균은 피부 세균으로, 연구자들은 우리 인류 약 50%가 황색포도상구균을 가지고 있다고 추정한다. 그렇다고 해서 두려워할 이유는 없다. 인간의 경우 특히 피부나 점막에 세균이 존재하는데, 특히 코 점막에서 많이 볼 수 있다. 그런데 감염자에게서 추출한 황색포도상구균 중 10~25%는 이미 다제내성을 갖고 있었다.

☀ ︎────── 피부 위의 위험한 정착자

　　MRSA는 정상적이며 건강한 사람들을 아프게 하지는 않는다. 다만 환자의 면역 방어체계가 심한 공격을 받게 되면 문제가 생긴다. 마티아스 자머의 경우와 같이 상처에 세균이 침입하게 되는 경우에도 분명 문제가 있을 수 있다.

　1996년도 유럽 축구계에서 올해의 선수였던 마티아스 자머의 선수 경력을 절단내버린 MRSA가 어디에서 왔는지는 여전히 불분명하다. 다만 세균들이 자머의 피부 위에 오랫동안 별 문제없이 정착해 살아왔다는 것을 추정할 수 있다. 일반적으로는 모든 사람이 MRSA에 감염될 수 있다. 하지만 서로의 몸이 부딪힐 수 있는 경기를 하는 운동선수들이 이 세균에 더 많은 영향을 받을 수 있다.

　또한 운동선수들은 부상이나 물리치료와 같은 여러 가지 치료를 받기 위해 병원에 가는 경우가 일반인보다 더 많다. 게다가 이들은 위생 상태가 바람직하지 않은 탈의실이나 피트니스룸 등도 자주 사용한다.

　마티아스 자머의 이야기는 운동선수의 개인사이지만 관련해 대중들에게 상당한 충격을 주었다. 또한 자머도 근래에 와서야 MRSA 감염에 대한 드라마를 대중들에게 털어놓았다. 하지만 이것이 주목할만한 토론으로 이어지지는 않았다.

　미국의 경우는 완전히 다르다. 농구, 아이스하키, 미식축구와 같은 최고의 스포츠리그에서는 협회나 클럽 책임자들에게 MRSA 감염의 다양한 사례들을 통해 이 슈퍼 세균이 얼마나 심각한 위험을 가져오는지를 확실히 주지시켜왔다.

《뉴욕타임스》보도에 따르면 미국 프로미식축구리그(NFL)는 MRSA 감염 방지를 돕기 위한 가이드 책자를 내놓았다. 여기에는 소독제를 어떻게 병에 넣어야 하는지와 같은 소소한 위생규정이 정확하게 열거되어 있다.

포도상구균은 피부 세균으로서 MRSA처럼 사람들이 있는 곳이나 물건을 만질 수 있는 모든 곳에서 발견된다. 따라서 전통적으로 스포츠에 열광하는 미국 대학에서는 문자 그대로 세균의 잠재적인 확산을 막기 위해 온갖 수단과 방법을 찾고 있다. 오존은 박테리아를 매우 효과적으로 죽이기 때문에 스포츠 장비를 오존으로 소독하는 등 고가의 첨단적인 방법을 사용하기도 한다.

☀ ⋯⋯⋯ 프로 선수처럼 세균에 오염되다

하지만 대중 스포츠에서는 이런 값비싼 처방을 거의 기대하기 어렵다. 따라서 이것이 문제가 될 수 있다. 우리는 취미로 운동을 시작한 이들이 거의 전문적인 운동선수 수준으로 훈련하는 시대에 살고 있기 때문이다. 2017년을 기준으로 독일에는 8,988개의 헬스클럽에서 약 1,060만 명의 사람들이 운동을 하고 있다. 또 조사에 따르면 많은 수의 헬스클럽 회원들이 일주일에 여러 번 운동을 한다고 한다.

이 아마추어 선수들도 전문 선수들과 마찬가지로 위험한 병원균과의 접촉에 노출되어 있다고 할 수 있다. 지금까지 헬스클럽 장내에서 이루어진 연구는 얼마 되지 않지만 이 연구에서 밝혀진 박테리아의 양은 분명 언급할 가치가 있다.

조사에 따르면 $1cm^2$당 20만 마리 이상의 세균이 트레드밀과 운동용 자전거에 있고, 아령에는 $1cm^2$당 거의 18만 마리 이상의 세균이 있는 것으로 밝혀졌다.

체육관에서 나온 분자를 분석한 결과 이것이 주로 포도상구균과 같은 대표적인 피부 박테리아인 것으로 확인됐다. 또한 MRSA도 체육관에서 정기적으로 발견된다.

이 엄청난 세균 밀도를 어떻게 설명할 수 있을까?

대체로 따뜻한 체육관 환경에서는 몸이 최대한의 공기를 흡수한다. 이는 긴장된 공기 흡입이나 침 특히 땀을 통해서도 많이 이루어진다.

운동 중에는 피부를 식히기 위해 이른바 외분비선 땀이 분비된다. 이런 종류의 땀은 물과 소금, 젖산, 아미노산, 요소, 펩타이드와 같은 작은 유기분자로 구성되어 있다. 입과 피부는 우리 몸에서 박테리아의 밀도가 가장 높은 영역에 속한다. 겨드랑이 안쪽에서는 $1cm^2$당 최대 100만 마리의 미생물을 발견할 수 있다.

땀은 시고 짜기 때문에 미생물이 살기에 특별히 좋은 환경은 아니다. 하지만 피부 미생물의 삶은 이런 피부 분비물에 잘 적응되어 있다. 또한 땀이 더 깊은 피부층에 있는 미생물을 피부 표면 밖으로 밀어 올려 더 많은 미생물이 피부 밖으로 번지게 한다.

따라서 훈련 중 그리고 훈련 후에 근본적인 위생수칙을 준수하는 것이 더욱 중요할 것이다(193쪽 참조). 또 무엇보다도 코치들은 젊은 선수들이 훈련 후에 샤워를 하지 않은 채 일상복으로 갈아입는 것을 경계해야 한다. 이는 선수들이 지저분한 샤워실의 사용을 기피하기 때문이다.

최근 젊은 남성들 사이에 유행하는 중요한 트렌드에 대해서도 할 말이 있다. 전신 제모를 위해 온몸을 면도하는 경우 피부에 상처를 남기기 쉬워 그 사이로 세균이 침입할 수 있다.

☀ MRSA 보균자의 격리 조치?

독일의 임상 분야에서는 MRSA 감염자 수가 약간이나마 감소하고 있는 것으로 보인다. 독일의 병원들은 약물에 내성이 생긴 세균의 확산을 막기 위해 아주 극단적인 조치를 취했다. 그러나 쾰른의 감염학자 게르트 페트켄하우어 연구팀의 조사에서 볼 수 있듯이 이 방식이 현실적인 효과로 이어지는 것은 아니다.

반면 고위험 환자의 감염 표적이 되는 것을 피하기 위해 손을 세정하고 매일 샤워하는 습관은 상당한 효과를 보이는 것으로 나타났으며, 이번 조사에서 MRSA로부터 거리를 두는 데 가장 효과적인 방법이라는 것이 입증되었다.

그러나 MRSA 감염이 의심되는 위험 집단에 대한 선별적 시험이나 병원의 MRSA 양성 환자 격리 조치는 권장할만한 조치로 보기 힘들다는 것이 본 연구에서 밝혀졌다. 페트켄하우어 연구팀은 심지어 MRSA 보균자에 대한 격리 조치가 치료에 오히려 부정적인 효과를 가져올 수 있다고 본다. 그 이유는 너무나 당연하고 진부하게까지 느껴진다. 오명이 씌워지면 감염자들이 병원을 찾는 횟수를 줄일 것이고 치유의 기회는 감소하기 때문이다.

일반인들의 상황에 대해서는 믿을만한 수치나 통계치가 거의 없다. 예를 들어 많은 사람들은 종종 자신들이 위험한 세균을 몸에 지니고 있다는 것을 알지 못한다. 대부분 무작위 조사를 통해 자신이 MRSA 보균자라는 사실을 알고 충격을 받게 된다.

위험한 다중 약물 내성 세균이 지닌 위험과 관련해 '보균자'나 'MRSA 양성'과 같은 용어들은 사람들에게 HIV와 AIDS를 떠올리게 한다. 하지만 HIV와 AIDS는 부정적인 측면에서 이 세균과는 질적으로 다르다. HIV는 혈액을 통해 전염되며 오늘날까지 불치의 면역결핍 질병으로 여겨지고 있다. 반면 MRSA 감염은 대개의 경우 치료가 가능하다. 심지어 MRSA 균은 저절로 사라질 수도 있다.

그런 의미에서 MRSA에 감염된다는 것은 그다지 극적인 일은 아니다. 그렇지만 이를 심각하게 받아들일 필요는 있다. 환자가 세균 감염으로부터 완벽하게 회복되는 것은 가능하다. 이를 위해서는 적절한 항생제 처방 및 가정 내에서 일주일 동안 철저히 세척하고 청소하는 과정이 필요하다. MRSA 치료를 실제로 해야 하는 경우에는 환자의 개별 의료 이력에 따라 치료 방식이 달라진다.

☀ ～～～ 개인의 노력으로 저항력을 키울 수 있다

그렇다면 아무런 죄 없는 스포츠 애호가들이 다제내성 세균의 문제를 더 악화시키지 않기 위해 할 수 있는 일이 있을까?

당연히 있다고 나는 명확하게 답변하고 싶다.

우리가 항생제를 처리하는 방식이 가끔은 그야말로 무책임할 때도 있다. 그런데 모든 사람들이 자신의 행동을 통해 박테리아 변종의 항생제 내성을 키울 수도 있다는 사실을 알아야 한다.

감기와 같은 이유로 항생제 복용을 시작하고도 철저하게 마지막 알약까지 복용하지 않고 나머지 약을 변기에 버린 사람은 위험한 슈퍼 세균의 발생을 촉진하는 것이나 마찬가지다.

왜냐하면 이 같은 행동은 보통 복용량으로는 더 이상 병원균이 박멸될 수 없는 상황을 만들 수 있기 때문이다. 그 과정에서 예민하지 않은 박테리아가 살아남아 더 확산될 수 있다. 항생제를 자주 복용할수록 박테리아 중에서 둔감한 세균의 비율이 더 높아지고, 마침내 항생제가 더 이상 작동하지 않는 내성균 변종이 생겨난다.

병원균은 빠르게 증식하고 이들이 유전물질과 함께 회복 능력을 다른 박테리아에게 전달하기 때문에 항생제 내성은 매우 빠르게 확산될 수 있다.

그렇다면 옛 속담인 '운동이 사람 잡는다.'라는 말은 사실일까? 아니다. 다제내성 세균에 대한 두려움 때문에 운동을 그만두는 것은 근본적으로 잘못된 것이다.

운동은 면역체계를 강화시킴으로써 전염병으로부터 우리를 보호한다. 이를 위해 전문가들은 일주일에 3~4회, 15~25km 정도 달리기할 것을 권유한다.

헬스클럽 위생 요령

- 운동 후나 화장실 사용 후 꼭 손을 씻는다(운동 파트너를 생각하기 바란다).
- 스포츠 기구에 깔거나(양면의 색깔이 다른 수건을 가져와서 기구 위에 놓는 쪽과 엉덩이를 대고 앉는 쪽을 구분하도록 한다.) 땀을 닦거나 샤워 후에 사용하는 용도로 여러 개의 수건을 준비한다.
- 샤워 후 발가락 사이를 잘 닦는다. 무좀 방지를 위해 슬리퍼 샌들을 사용한다.
- 아플 때는 운동을 하지 말고 상처가 있다면 가리는 것이 좋다.
- 운동복, 수건 등은 60℃ 온도에서 세탁하는 것이 좋다. 기능성 의류는 가능한 따뜻한 물로 세탁해야 한다. 특수 위생 세척기는 필요하지 않다. 세탁물이나 신발은 충분히 잘 말려야 한다.
- 헬스클럽에서는 정기적으로 장비를 청소해야 한다(위생수칙 참조).
- 면역체계를 약화시키는 동화작용 스테로이드 약물을 멀리한다.

나의 아내가 앞의 마지막 문장을 지나치기를 간절히 바란다. 내 기억이 맞다면 내가 마지막으로 운동화를 챙겨 신고 운동한 것은 화폐단위가 여전히 마르크였을 때다.

세균, 두 얼굴의 룸메이트

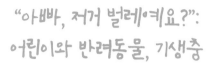

"아빠, 저거 벌레예요?":
어린이와 반려동물, 기생충

아이들과 반려동물을 한 문장으로 묶어서 얘기하는 것이 처음엔 무리하게 느껴질 수 있다. 하지만 이 둘 모두 가정위생에 있어서는 비슷하게 까다롭다는 것을 우리는 곧 알게 될 것이다.

동물들이 사람에게 가장 위험한 질병을 옮기는 데 많은 역할을 하는 것은 분명한 사실이다. 그렇다고 독일에서 가장 인기 있는 반려동물인 개와 고양이가 가장 위험한 동물인 것은 절대 아니다.

한편 아이들은 미생물학적 관점에서 봤을 때 가정에서 가장 까다로운 존재다. 이들은 위생수칙을 아무렇지도 않게 무시하고 화장실에서 쓰는 솔에 입을 갖다 대거나 손 씻기를 격렬하게 거부하기도 하고, 요충이나 머릿니 같은 반갑지 않은 기생충을 집 안으로 데리고 오기도 한다. 게다가 보통 3세까지 매년 평균 12건의 질병에 감염된다. 그들 중 다수는 형제자매와 부모들에게도 전염된다.

게다가 우리가 과소평가하지 말아야 할 것이 있으니 사람에게 물렸을 때의 위험과 잠재적 감염률은 적어도 동물에게 물린 것만큼이나 높다는 사실이다. 두 살배기 아들이 당신의 팔을 물었을 때 이 사실을 잘 기억해야 한다. 황색포도상구균이라는 감염과 패혈증의 위험을 불러오는 세균이 당신의 동반자가 될 여지가 항상 존재한다는 사실을 말이다.

과학적인 관점에서 더 흥미로운 것은 인간과 동물 사이에 존재하는 병원균의 상호작용이다. 동물과 인간 사이에 교환되는 질병을 인수공통감염증이라 부른다.

우리가 알아두면 좋을 것은 전염 매체는 양방향으로 오간다는 사실이다. 예를 들어 개 주인이 건강한 개에게 자신의 병원균을 감염시킬 가능성도 꽤 있다.

☀ ⸺ 동물의 왕국에서 온 병원균

현재 잘 알려진 인간 질병의 약 60%가 동물의 왕국에서 발생한다는 것을 우리는 확실히 알고 있다. 이는 뉴스의 부정적인 헤드라인을 장식하고 우리 모두에게 걱정과 공포를 안겨주는 전염병을 포함한다. 광견병, B형 간염, E형 간염, 조류와 돼지독감, 황열병, 에볼라, 소해면상뇌증(광우병), 초여름의 수막뇌염과 장출혈성 대장균 감염증, 결핵, 탄저균, 페스트, 말라리아, 톡소플라스마, 촌충 등이 이에 포함된다.

오늘날 인간에서 인간으로 전염되는 많은 질병들조차 가축이나 반려동물과의 긴밀한 접촉과 관련이 있다. 일반적으로 병원균, 박테리아, 바이러스 그리고 단세포 기생충은 오랫동안 동물의 왕국에서 존재해오던 것들이다. 먼 옛날 어느 시점에서 이들은 인간에게로 옮겨왔다. 이 병원균들은 인간의 몸속에서 인체를 숙주로 삼아 놀랍도록 잘 적응해왔다.

주로 소아 질환으로 알려진 홍역은 아마 11세기나 12세기에 우역 바이러스(Rinderpestvirus)가 변형된 형태가 아닐까 추정된다. 당시에도 인간은 가축들과 매우 밀접한 환경에 살고 있었다.

또한 연구원들은 HIV 바이러스가 결정적으로 확산된 계기를 재구성해보았다. 아마도 20세기 초 원숭이 면역결핍 바이러스의 변형이 인간에게 여러 번 전이되었을 것이다.

1920년경 킨샤사에서 오늘날 전 세계에 널리 퍼진 HIV 유형이 발생해 콩고 분지에서 수십 년에 걸쳐 확산된 후 1960년대 카리브해에 정착해 1970년대에는 북아메리카에 도달할 수 있었다.

또한 결핵 병원균인 마이코박테리아는 이미 수백만 년 전에 동물의 왕국에서 인류 조상에게로 옮겨졌을 가능성이 있다.

현재 약 200종류의 동물성 세균이 우리에게 알려져 있다. 거의 20억 5,000만 건의 질병과 전 세계적으로 200만 명에 이르는 사망자가 동물에서 인간으로 전염되는 13개의 병원균에 의해 발생한다.

의사들뿐만 아니라 전염병학자들과 미생물학자들에게, 동물학 분야는 여전히 불가해한 것들로 가득 차 있다. 그리하여 독일의 과학자들은 가능한 전염병의 발생을 조기에 인식하거나 예측할 수 있는 전 국가적 데이터베이스가 필요하다고 요구하고 있다. 설명되지 않고 숨겨져 있는 발병 사례는 그 수가 상당하다고 할 수 있다. 주로 가정 내에서 일어나고 무시되는 사건들도 이에 포함된다.

☀ ～～～ 긁기, 물기, 핥기: 감염의 커다란 위험

몇몇 반려동물, 특히 개와 고양이에 대한 예방접종은 광견병이라는 최악의 전염병 중 하나를 효과적으로 예방하는 데 기여하고 있다.

반려동물과 함께 정기적으로 수의사를 방문하는 사람은 다양한 병원균에 대해 알고 있기 때문에 아마도 크게 놀랄 일은 없을 것이다. 하지만 모든 반려동물의 주인들이 심장사상충 치료와 같은 조치를 그리 심각하게 받아들이는 것은 아니다.

대부분의 개 주인들은 적어도 개의 기원이나 혈통에는 신경을 쓰지만 고양이의 경우에는 이조차도 무시되는 경우가 많다. 그럼에도 불구하고 질병의 전염이라는 문제에 있어서는 고양이가 개보다 덜 해롭다고 볼 수 없다. 이 작은 호랑이의 뾰족한 이빨에 물리게 되면 병원균은 상처 속으로 더 깊이 들어갈 수 있다.

앞에서 언급했듯이, 많은 이들이 항생제에 내성이 있는 세균 때문에 자신들의 피부가 위험할 수 있다는 사실을 알게 되면 충격을 받는다. 그러나 반려동물을 키우는 사람은 이런 다제내성 세균이 사랑하는 네 발 달린 친구들의 털 속에 숨어 있을 것이라고는 짐작하지 못한다. 생명을 위협할 가능성이 있는 미생물이 반려동물로부터 주인의 상처나 찢어진 피부 속으로 들어갈 가능성은 상당하다고 볼 수 있다.

게다가 다양한 병원균들이 반려동물들로부터 우리에게로 건너올 수 있다. 정상적인 건강한 사람은 이로 인해 죽거나 해를 입는 일이 없을 것이다. 하지만 이들조차도 당황스럽고 마땅히 설명하기 어려운 불편한 상황에 처하게 될 수도 있다.

개에게 물렸을 때 캡노사이토파가 카니모르수스(Capnocytophaga canimorsus)라는 박테리아가 면역체계가 교란된 인간에게 심각한 합병증을 유발시킬 수 있으며, 심지어 죽음에까지 이르게 할 수도 있다. 심각하지 않은 경우 발열이나 근육통, 구토, 설사, 두통과 같은 독감 증세를 경험할 수 있다.

고양이 할큄병은 상처를 긁거나 물어뜯은 결과 발생할 수 있으며 병원균인 바르토넬라 헨셀라에(Bartonella henselae)를 통해 사람에게 전염된다.

며칠이 지나면 림프절이 부어오르는 등의 증상과 함께 열, 오한,

두통 등이 생긴다. 면역력이 약한 사람들은 수막염이나 심장판막염, 심지어 패혈증에도 걸릴 수 있다.

여우촌충은 인간에게 잠재적으로 생명을 위협하는 동물성 치조의 포충증(Alveolar echinococcosis)을 유발한다. 개와 고양이는 이 세균에 감염된 쥐를 잡아먹음으로써 이 기생충의 매개체가 된다. 동물들은 이 세균에 감염되어도 보통 아무런 증상을 보이지 않는다. 하지만 감염된 동물의 배설물에는 다방조충(Echinococcus multilocularis) 알이 포함될 수 있다. 또한 인간은 동물 배설물의 흔적을 통해 이 알들과 접촉할 수 있다. 가령 감염된 동물의 등을 쓰다듬는 행위 등을 통해 손으로 병균이 옮아올 수 있는 것이다.

원생동물인 톡소플라스마 원충은 주로 고양이의 장에서 살며 번식한다. 감염되면 태아에게 심각한 손상을 줄 수 있기 때문에 임산부에게 아주 위험하다. 그러나 처음 감염되는 경우만 위험하므로 이전에 병원균과 접촉한 적이 없는 여성들은 임신 기간 동안 고양이와 날고기를 멀리하는 것이 좋다.

☀ ⋯⋯⋯ 동물과 교류하는 것의 만족도

그러나 위험과 이익을 저울질해본다면 인간이 반려동물을 통해 얻는 행복이 분명 더 크다고 할 수 있을 것이다. 독일에서 최고 권위를 가진 베를린의 로베르트 코흐 연구소조차 감염성

질환 평가와 관련해 반려동물을 기르는 것의 긍정적인 측면을 강조한다.

'동물과의 접촉과 관찰을 통해 자신이 가치 있는 사람으로 여겨지고 스트레스가 감소하며 신체적 움직임이 증가하고 사회적 접촉이 증가하는 등 전반적으로 삶의 만족도가 높아지고 건강이 개선된다. 노인이나 만성질환에 시달리는 사람들에게 동물과의 접촉을 통해 주관적인 건강 상태가 개선되는 경우가 많다는 것이 증명되었다.'

환자나 동물을 돌보는 사람들에 대한 긍정적인 영향으로 인해 이제는 요양시설과 병원에서도 통제되는 범위 내에서 반려동물이 허용되기도 한다.

한편 가축이나 반려동물이 미생물학적으로 긍정적인 영향을 미친다는 것은 잘 입증되어 있다. 미국 과학자들은 아미시(Amish, 현대 기술 문명을 거부하고 소박한 농경생활을 하는 미국의 한 종교 집단 – 옮긴이)와 후터(Hutterite, 미국 서북부에서 캐나다 일부에까지 걸쳐 농업에 종사하며 재산 공유 생활을 영위하고 있는 재세례파 – 옮긴이) 공동체의 삶에 대한,《뉴잉글랜드 의학 저널》에 실린 연구에서 특히 놀라운 결과를 발표했다. 이 두 개신교 종교 집단의 인종적 배경은 매우 유사하다. 17세기 아미시인들은 스위스에서 미국으로 이주했고, 후터인들은 18세기에 남티롤 지역에서 미국으로 이주했다.

두 집단 모두 매우 세상과는 동떨어진 삶을 살고 있다. 위생을 매우 중시하며 흡연에 대해 눈살을 찌푸린다. 그런 의미에서 연구원들은 아미시 집단의 아이들이 대체로 동등한 생활 조건에도 불구하고 후터 집단의 아이들보다 천식이나 여러 알레르기에 시달리는 경우가 4~6배 정도 적다는 사실에 놀랐다.

그러나 한 가지 본질적인 차이점은 있었다. 후터인들은 아미시인들과 다르게 기계농업을 하고 있었다. 반면 아미시인들은 농사를 지을 때 어떤 종류의 트랙터나 기계도 사용하지 않는다. 더욱 중요한 것은 아미시인들의 우사는 생활공간 근처에 위치해 있었고 아이들은 그 안에서 뛰어놀았다. 하지만 후터인들의 우사는 훨씬 더 현대적이었지만 집과 멀리 떨어져 있고 아이들은 그곳에 가는 일이 별로 없었다.

연구에 따르면, 두 집단의 차이는 아미시의 집 먼지 내독성 함량이 높기 때문에 발생하는 것이라고 한다. 내독성은 박테리아의 세포 껍질에서 유래해 면역 자극 효과가 있는 부패성 물질이다. 쥐 실험을 통해 설치류의 선천적인 면역체계가 내독성 물질과의 접촉으로 만들어져 신체 보호반응을 일으킨다는 것이 밝혀졌다.

아미시 아이들이 동물들과 가깝게 접촉한 것이 큰 역할을 했다. 특히 동물과 함께 자라는 환경이 유익한 것으로 보인다. 어린아이들에 대한 긍정적이고 지속적인 영향은 그들의 미생물 및 면역체계가 성장 과정에서 형성된다는 사실로 설명할 수 있다. 특정 젖산 박테리아와 같은 여러 미생물들이 동물들과의 긴밀한 접촉을 통해 아이들의 장에 영구히 자리 잡게 되고, 그것이 아이들의 면역체계를 자극할 수 있다는 가설도 있다.

개들이 나이가 들면 주인과 생김새가 닮아간다는 우스갯소리가 있다. 미생물과 관련해서는 둘 사이의 미생물 요소가 유사해진다는 것이 이미 증명되었다.

☀ ⌒⌒⌒ 고민하는 아이들, 고민하는 부모들

나는 프랑스 남부 고속도로 화장실에 가는 것만큼이나 아이들의 생일파티나 초등학교 기념식에 참석하는 것을 질색한다. "이 감자 샐러드는 아이들 스스로 만든 거예요."와 같은 말을 들으면 도망치고 싶다. 또한 우연히 귀에 들리는 다음과 같은 모녀간의 대화는 어떤가. "샹탈, 이것 좀 먹어봐. 오늘 아침에 설사를 했지만 좀 있으면 분명 좋아질거야." 이런 대화를 들으면 그 자리에서 도망치고 싶어진다.

물론 미생물학자라면 좀 더 관용을 베풀어야 할 것이다. 아이들은 아무런 죄 없이 모든 종류의 질병에 시달린다. 그리고 부모들은 이 때문에 몹시 당황하고 괴로워한다.

두 가지 예를 들어보자. 알게우에서 가족들과 하이킹을 할 때 바위 뒤에서 일곱 살짜리 아들이 나타나더니 나에게 물었다. "아빠, 똥에 하얀 벌레가 우글거리는 게 정상이야?"

아이들은 놀이터나 유치원에서 놀다가 1cm가 조금 넘는 인요충의 알과 쉽게 접촉한다. 이 알들은 배설물의 잔재 속에 남아 있던 것들로 토양이나 모래, 장난감 속에서 발견된다.

또 유아들은 장난감이나 손가락을 입에 자주 넣는 습관이 있기 때문에 기생충 알은 체내로 들어가게 된다.

수천 년 동안 인류는 둘 중 한 사람꼴로 일생에 한 번쯤 요충에 감염되었다. 요충은 장에서 기생하는데 밤이 되면 암컷들이 항문 밖으로 기어 나와 그곳에 알을 낳는다. 그러면 강한 가려움이 느껴지기 때문에 아이들은 피가 나올 때까지 긁게 된다. 그 결과 긁은 부위에 염증이 생기고 상처가 벌어지게 된다. 또한 알이 손가락에 묻어 다시 입안에 들어가면서 끊임없이 감염을 일으키게 되는데 그야말로 악순환이 아닐 수 없다.

집 안에서 침대 시트를 털어내는 행위를 통해 성인들도 요충에 감염될 수 있다. 이 경우 기생충에 대한 감염을 막아주는 구충제를 복용하는 것 외에도 몇 가지 중요한 위생 조치를 취해야 한다.

- 침대 시트와 속옷은 매일 세탁한다.
- 세탁온도는 60℃ 이상이어야 하며 반드시 분말 형태의 중성세제여야 한다.
- 침대 시트를 털어서는 안 된다.
- 아이들의 손톱은 짧게 자르는 것이 좋다. 피가 날 때까지 긁을 위험이 더 적기 때문이다.

세 아이의 아버지이기 때문에 나는 종종 다른 부모들을 만나게 된다. 그중에서 나에게 "사실은 어제 우리 집에 있는 요충을 바로 잡아버렸어."라고 말하는 부모를 나는 한 번도 만난 적이 없다.

상황은 머릿니의 경우에도 비슷하다. 이들은 전형적인 소아 질병이며 위생 환경이 결핍되었다는 징후가 절대로 아니다. 현미경으로 보면 이 곤충들은 정말 고약해 보이지만 쉽게 없앨 수 있는 것들이다. 촘촘한 빗을 사용해 머리카락에서 서캐를 뽑아낼 수도 있고 특별한 샴푸를 사용해 머릿니를 없앨 수도 있다.

그러나 머릿니를 가지고 있다는 것은 매우 불명예스러운 일이어서 유치원이나 초등학교에서는 머릿니가 발생한 근원을 밝히기를 꺼린다.

미생물의 관점에서 보자면 너무나 귀여워서 아무도 의심하지 않지만 무서울 정도의 세균을 보균하고 있는 가정 내의 반려동물이 있다. 취리히 연방공과대학의 과학자들은 욕실에 있는 오리 장난감을 조사했는데 검사한 장난감 중 80%에서 질병을 유발하는 박테리아를 발견했다. 또한 절반 이상에서 다양한 곰팡이를 볼 수 있었다.

이 플라스틱 동물 안에는 $1cm^2$당 500만에서 7,300만 마리의 박테리아가 살고 있었다. 연구원들은 상당히 민망해하며 자신들의 연구 결과에 "살짝 밥맛이 떨어질 수도 있다."라고 말했다.

반려동물을 위생적으로 다루기 위한 조언

- 키스는 하지 말고 상처를 보호한다.
- 반려동물을 위해 테이블과 침대를 분리한다.
- 동물의 집이나 화장실을 청소할 땐 장갑을 착용하고 먼지를 들이마시지 않는다.
- 동물과의 접촉 후 손을 깨끗하게 씻는다.
- 물린 상처와 긁힌 상처를 관찰하고 염증이 의심되면 병원에 간다.
- 수의사의 조언에 따라 규칙적으로 기생충 예방 및 백신을 접종한다.
- 어린이, 노인, 임신부, 면역 억제자는 항상 그렇듯이 각별히 주의해야 한다.

4

닥터 박테리아와
미스터 세균

인류의 진정한 골칫거리:
땀과 입 냄새, 그리고 여드름

미생물은 인류에게 커다란 골칫거리다. 그렇지만 진정한 골칫거리는 무엇일까? 전염병, 콜레라, 천연두, 결핵, 에이즈인가? 아니면 피임약, 고약한 입 냄새, 겨드랑이의 땀인가?

2018년 한 해만 해도 독일인들이 화장품에 소비하는 액수는 약 171억 유로에 달한다. 크림, 로션, 샴푸보다 더 큰 위기관리 시장은 없다. 사람들은 향수나 립스틱, 머리 염색을 줄이기에 앞서 휴가나 자동차 혹은 음식에 쓰는 돈을 아끼기 시작한다.

화장품은 이해하기 힘든 회색 지대다. 이 제품이 사람을 끌어당기는 것은 화장품이 훨씬 나아진 외모와 매력을 약속하기 때문이다. 하지만 실제로 어떻게 개선되는지는 여전히 애매모호하다.

2006년, 헨켈사 미생물 부서의 미생물 커뮤니티 분석 연구소장으로 승진하고 나서 나는 깜짝 놀랐다. 과학적 사항을 고려하기 이전에 감성이나 전 세계적 유행이 화장품이 나아갈 바라고 규정하고 있었던 것이다. 또한 특정한 화학작용제나 미생물에 대한 이야기는 하지 않고 '쾌적함'이나 '스킨케어' 혹은 '빛나는 피부'에 대해서만 이야기하고 있었다.

작업에 대한 요구사항도 마찬가지였다. "'2배의 신선함'을 강조하고 싶으니 그에 맞게 테스트를 진행하세요." 혹은 "'100% 더 빛난다'는 콘셉트에 맞춰 개발하세요."

☀ ⌁⌁⌁ 고객이 속기를 바라는가

예를 들어, 고객이 마스크팩을 하는 순간 마법이 펼쳐져야 한다. 하지만 이것은 그저 말일 뿐이라는 것을 알아야 한다. 고객들도 마음속으로는 실제로 제품의 재료가 주름을 예방하거나 되돌릴 수 없다는 것을 잘 알고 있다.

나는 심지어 화장품 산업이 고객이 알면서도 속아주는 유일한 산업이라고 생각한다. 물론 제품에 대한 광고나 주장이라고 하는 것이 거짓말이 아닐 수도 있다. 하지만 궁극적으로 화장품 광고는 휴가지 숙소에 대한 광고와 비슷한 약속을 하고 있다. '활기 넘치는 시내 한복판에 있는 지역 표준 호텔'이 실제로는 시끄러운 환경에 둘러싸인, 안락함이라고는 전혀 없는 호스텔로 밝혀지는 식이다.

치약과 같은 제품이 치주염을 예방한다고 하는 광고 정도는 허용할 수 있다. 하지만 치약이 피부 속으로 침투해 체내에서 체계적으로 활성화된다는 광고는 금지되어야 한다.

대기업 화장품 회사의 마케팅 부서는 연구개발 부서가 아니라 관리와 통제를 주로 하는 부서다. 이 사실은 과학자에게 좌절감을 안겨줄 수 있다.

예를 들어, 마침내 당신이 특정 제품에 대해 독성이나 알레르기를 유발하지 않고 경쟁 특허 제품이 없으며, 변색되거나 변질되지도 않고 오래 지속되며 외관상 근사하게 보이기까지 하는 제품을 개발했다고 치자. 마케팅 부서는 당신의 제품을 내칠 가능성이 훨씬 높다.

☀ ⋯⋯ 흰색은 새로운 녹색

고객들의 관심을 끌기 위해서 화장품에 스토리를 추가하는 것도 필요하다. 크림이나 클렌징 로션을 고객들의 요구를 반영하는 투사 스크린으로 변환시키는 것이 화장품의 현실적인 혹은 환상적인 속성이다. 그 이야기에 필수적인 것은 홍보 효과가 있는 재료다. 예를 들면 녹차와 같은 재료 말이다. 이를 추가함으로써 제품의 질이 얼마나 변할지는 사실 의심스러울 수 있다. 하지만 녹차는 곧 건강과 균형, 아시아의 지혜와 같은 의미를 담고 있다. 한동안 녹차 마케팅은 완벽하게 작동했다. 그런데 갑자기 시장이 우리에게 경고 신호를 보냈다. "이제 녹차는 더 이상 안 통해. 이젠 백차를 가지고 얘기할 때가 된 것 같아. 잘 알잖아. 흰색은 새로운 녹색인 것을!(White is the new green! 환경보호단체인 그린피스의 캠페인-옮긴이)"

우리는 잠재적인 효과를 갖고 있는 여러 성분들을 시험했다. 하다못해 운석 먼지까지 테스트하기도 했다. 어쩌면 최고의 이야깃거리가 될 수 있었을 것이다. 불행히도 이 이국적 재료는 화장품에 어떠한 이점도 제공해주지 않았다.

그러나 분명히 특정 효과가 있어야 하는 화장품도 있다. 체취를 제거하는 화장품이 좋은 예다. 멋진 스토리만으로 이 제품은 팔리지 않으며 '성능'이 제대로 작동하지 않으면 고객들은 즉시 이를 알아차린다.

사람의 신선한 땀은 냄새가 없으며 15~30분 후에야 냄새가 나기 시작한다. 그 이유는 피부, 특히 겨드랑이에 있는 미생물이 땀을 천천히 분해하기 때문이다. 여기서 스테로이드, 분지지방산, 그리고 코로 냄새를 맡을 수 있는 유황 알코올과 같은 휘발성 화합물이 만들어진다.

땀 냄새는 매우 복잡하다. 그러나 그 속에는 대표적인 물질도 있다. 3-메틸-2-헥센산(3M2H, 유기산)이 땀 냄새의 주성분이다. 아침에 엘리베이터 안에서 합성섬유 의류를 입고 몇 시간 일한 건물관리인을 마주쳤을 때 맡을 수 있는 시큼하고 퀴퀴한 냄새다.

또한 땀의 농도가 낮은 곳에서만 발생하는 황 함유 물질(3-메틸-3-술파닐-헥산올)이 있는데, 훈련된 인간의 코는 리터당 10억분의 1g의 비율만 함유되어 있어도 이를 인지할 수 있다. 이것은 보덴 호수에 3메틸-술파닐-헥산올을 50g 녹일 때의 농도와 같다. 이 유명한 여행지를 방문한 관광객 중 날카로운 후각을 가지고 있는 사람이라면 금방 그곳으로부터 도망치게 될 것이다.

☀ ⟋⟋⟋⟋⟋ 겨드랑이 땀과의 싸움에 대한 딜레마

겨드랑이는 미생물의 이상적인 서식지로, 습하고 따뜻하고 안전하며, 털로 인해 표면이 넓고, 많은 분비선으로 인해 영양분이 풍부하다. 이곳은 피부 중 세균 밀도가 가장 높은 곳으로, 1cm^{2}당 100만 마리 이상의 세균이 서식한다.

그러나 겨드랑이 속 미생물은 그리 다양하지 않다. 약 50가지 종류의 박테리아가 있는데 체취 발달을 위해 가장 흔하고 중요한 미생물은 코리네박테리아와 포도상구균이다. 이들 박테리아는 땀에서 냄새를 방출할 수 있는 효소를 가지고 있다.

땀은 기본적으로 두 가지 문제를 일으킨다. 겨드랑이 습기와 냄새가 그것이다. 화장품업계는 이러한 문제에 대한 두 가지 전략을 취하고 있다. 그중 탈취제는 주로 알코올을 함유하고 있는데, 냄새를 유발하는 박테리아에 대항하기 위한 항균제로 체취를 가리기 위해 향수를 함유하고 있다. 이 탈취제는 보디 스프레이의 형태로 전신에 뿌릴 수 있다.

하지만 문제점도 있을 수 있다. 알코올 성분이 피부를 자극할 수 있으며, 습기 제거에는 그다지 효과가 없다는 것이다.

땀을 제거하는 발한 억제제의 경우 기본적으로 땀 단백질을 변성시켜 에크린 땀샘을 수축시키고 차단하는 특정 물질이 포함되어 있으므로 겨드랑이의 건조함을 유지한다. 또한 이 물질을 비롯한 다른 첨가물들이 미생물을 억제하고 습기와 냄새를 방지할 수 있다. 여기서 가장 중요한 활성 성분은 알루미늄클로로하이드레이트다.

문제점은 알루미늄 이온이 식물과 인간에게 해로울 수 있다는 것이다. 예를 들어, 알루미늄의 독성은 숲을 서서히 죽이는 것과도 관련 있는데 이는 산성비가 토양의 광물에서 알루미늄 이온을 방출하기 때문이다. 또 알루미늄은 알츠하이머병이나 유방암 발병과도 관련이 있다는 의혹을 받고 있다. 그러나 아직까지 두 질병과 항정신병 약물 사용 사이의 실질적인 연관성이나 작용 메커니즘을 밝혀낸 연구는 없다.

그럼에도 불구하고 소비자들은 민감하게 반응하고 있고, 산업체에서는 알루미늄 염소수화물의 대체 물질을 찾고 있다. 하지만 내가 알기로는 현재까지도 습기에 효과가 있고 동시에 값도 저렴한 대안적 제품은 딱히 없다.

알루미늄은 사람들에게 이미지가 매우 나쁜 편이라서 '무알루미늄'이라고 표기된 탈취제도 많다. 하지만 탈취제에는 원래부터 알루미늄이 함유된 적이 없었다.

그렇다면 알루미늄의 악영향을 최소화하면서 필요한 효과를 얻으려면 소비자로서 어떻게 해야 할까?

알루미늄이 함유된 발한 억제제의 올바른 사용법

- 필요한 경우 하루에 한 번 또는 일주일에 몇 번 정도 중간에 발한 억제제를 사용하는 것이 좋다. 필요하다면 탈취제를 더 사용하는 것이 낫다.
- 손상된 피부에는 사용하지 않는다(면도 후).
- 겨드랑이를 빨리 건조시키면 미생물의 성장 기회가 적고 이로 인해 악취도 줄어든다.
- 저녁에 사용하면 주로 비활성 상태인 밤에 수면으로 노출시간이 길어져 효과가 증가한다.
- 겨드랑이를 잘 씻는다(세균의 영양공급 감소).
- 다른 알루미늄 제품 사용을 제한한다. 예를 들어 알루미늄 포일에 신음식을 감싸지 말고 담배를 피우지 않는다.
- 땀 흡수가 잘 되는 티셔츠 등을 입는다.

☀ 곰팡이 냄새에 대한 새로운 전략

한편 악명 높은 알루미늄 성분 이외에도 발한 억제제에는 한 가지 단점이 더 있을 수 있다. 이를 사용하게 되면 겨드랑이에서 주로 냄새를 형성하는 코리네박테리아가 속한 방선균의 비율이 분명 촉진될 수 있다.

따라서 체취 연구 분야에서는 앞으로 더 이상 항균제를 사용하지 않고 미생물을 이용해 땀을 조절하는 전략을 개발하려는 움직임이 점점 더 커지고 있다. 예를 들어, 겨드랑이 부위에서 냄새가 덜 나거나 아예 냄새가 나지 않는 세균을 촉진시킴으로써 냄새가 지독한 세균을 대체하는 방안도 생각해볼 수 있다. 혹은 이러한 미생물을 직접 사용하는 방법도 논의 중이다. 악취 유발자로 알려진 박테리아 중 실제로 악취가 덜 풍기는 박테리아도 상당수 있다.

대변 이식술과 유사하게 강한 냄새가 나는 겨드랑이의 세균군을 훨씬 냄새가 덜한 세균군으로 대체하자는 아이디어도 있다. 하지만 이 아이디어는 현재로서는 먼 미래의 이야기일 뿐이다.

나는 헹켈에 있는 동안 박테리아의 냄새 분자 효소 방출을 억제하는 자연물질뿐만 아니라 화학물질을 찾는 연구에 전념했다. 트리에틸 구연산염은 그러한 억제제 중 하나로 다양한 탈취제와 발한억제제 등에 사용되고 있다. 이 물질을 사용하게 되면 악취를 풍기는 효소를 억제하면서도 박테리아 자체는 죽이지 않는다는 것이 요점이었다.

하지만 해당 아이디어의 경우 아직까지는 효과가 없다. 또한 에탄올이나 알루미늄 염화수화물 같은 박테리아 살균제에 다른 성분을 추가한다 할지라도 이들 간의 상호작용 효과를 확실하게 증명하는 것은 거의 불가능하다. 특히 비용 절감을 위해 최소한의 추가성분을 사용하는 경우, 마치 산불이 난 상태에서 성냥불을 켜놓고 그 효과를 측정하는 것이나 마찬가지다.

그런데 스위스에서 아주 흥미로운 사례가 나타났다. 한 향수 회사에서 땀과 유사한 성분에 향료를 결합시켜 이를 박테리아 효소가 갉아먹도록 했다. 다시 말해 적을 활용해 겨드랑이 세균군에 향수가 저절로 퍼지도록 한 것이다. 매우 영리한 전략이지만 일상의 위생에 사용하기에는 너무 비싸다는 점이 문제다.

곰팡이 냄새가 나는 미생물에 대한 연구는 우리가 미생물에 대해 기본적으로 얼마나 아는 것이 없는지를 보여준다.

내가 가장 좋아하는 연구 중 하나는 경쟁사이자 니베아 제품을 생산하는 바이어스도르프에서 실시한 연구다. 이 연구에서는 귀지의 일관성과 체취 강도 사이의 연관성이 설명되었다. 하지만 오래전 일본의 인류학자 아다치 분타로는 이 두 가지 사이에 연관성이 있다는 사실에 주목했고, 자신의 관찰 결과를 1937년 당시 유명한 인류학 잡지에 발표한 바 있다.

아시아인들은 귀지가 흰색에 가깝고 건조하며 체취가 거의 없는 반면, 백인들은 체취가 강하고 귀지도 끈적끈적한 노란색을 띠는 경향이 있다.

바이어스도르프의 연구 동료들은 피부 분비선에서 땀을 배출하고 귀에서 귀지를 분출하게 만드는 요인이 같은 전달체 단백질이라는 사실을 입증했다.

그런데 많은 아시아인의 경우 이 단백질이 돌연변이에 의해 교란된다. 이 같은 단백질 돌연변이가 아시아에서는 놀라울 정도로 흔하다. 연구 논문에 따르면 체취가 덜한 사람들의 생식 성공률이 더 높다고 한다. 아시아인들에게 체취는 백인들에 비해 훨씬 예민한 문제이기도 하다.

☀ ⌐⌐⌐⌐⌐ 소비자의 정신분열증

미생물학자의 관점에서 보자면 오랫동안 숨기고 있던 화장품에 관한 괴로운 사실이 있다. 그것은 시중에 나와 있는 화장품만으로도 이미 충분하다는 사실이다. 하지만 기업들은 소비자들이 화장품 소비에 있어서 특정한 정신분열의 패턴으로 움직인다는 사실을 잘 알고 있다. 다시 말해 소비자들은 익숙한 제품을 사랑하면서도 계속해서 놀라운 신제품이 등장하기를 원한다는 것이다.

나 자신도 이 마케팅 전략을 매우 적극적으로 수용한다. 내가 높이 평가한 제품일지라도 그에 더해 '새로운' 구성과 충격적일 정도로 '파격적'인 제품이 새로 출시되었다는 소리를 들으면 귀가 솔깃해진다.

샤워젤은 시장에 출시하기 위해 기업들이 터무니없는 마케팅 속임수를 사용하고 있는 좋은 예라 할 수 있다. 가령 항균 첨가제는 불필요할 뿐만 아니라 심지어 몸에 해롭기까지 하다. 왜냐하면 피부는 다양한 미생물을 필요로 하기 때문이다. 샤워젤은 피부를 깨끗이 하는 데는 제 역할을 하지만 산성 pH 값을 유지하면서 피부를 보송보송한 상태로 지켜주지는 못한다.

여드름은 세계에서 가장 흔한 피부질환이며, 따라서 화장품업계에서는 훌륭한 시장이다. 여드름이 난 얼굴로 학교에 가야 하는 청소년들에게 이는 그야말로 최고의 골칫거리다. 그러나 위생제품을 생산하는 기업에게 지저분한 피부는 젊은 소비자들을 자신들에게 묶어둘 수 있는 절호의 기회라고 할 수 있다.

여드름은 특히 호르몬의 영향이 강해지는 사춘기에 모공의 피지선이 막힘으로써 그 자리에 박테리아가 번성하면서 생겨난다. 프로피오니박테리움 아크니스는 막힌 혐기성 모낭에 번성해 염증을 일으킨다.

깨끗하지 않은 피부는 여드름의 순한 형태이거나 여드름의 전조가 되기도 한다. 세안제는 과도한 지방을 제거해 피부를 깨끗하게 하는 데 도움을 주며, 각질 제거와 모공 개방, 살리실산이나 과산화벤조일 등의 세균에 대한 항균 효과가 있다.

하지만 심한 여드름은 화장품으로도 어쩔 수 없다. 그렇게 되면 호르몬 치료나 항생제 혹은 고농도의 과산화벤조일이 필요하게 된다. 그렇다고 모든 프로피오니박테리움이 여드름을 유발하는 것은 아니기 때문에 미생물을 이용한 접근법도 있을 수 있다.

입은 체내 미생물이 장에 이어 두 번째로 밀집한 서식지다. 특히 박테리아는 치아에서 치석의 형태로 자신을 드러낸다. 이는 충치, 치주질환, 입 냄새 등을 유발할 수 있는 바이오필름 형태로 치아와 혀에 자리 잡는다.

치석 안에 있는 박테리아는 촉진성 혐기성 유기체다. 이들은 신진대사를 위해 산소를 필요로 하지 않는다. 따라서 치아 내에서 젖산 발효가 일어날 수 있으며 발효된 젖산은 치아의 에나멜을 공격해 파괴한다.

혐기성 미생물이 유기물을 분해하면 즉시 불쾌한 냄새가 난다. 그러다 보니 입과 장이 거의 차이가 없게 되는 것이다.

냄새가 나는 것은 발효 과정에서 방출되는 황화수소, 뷰티르산, 스카톨 등의 물질 때문이다. 이러한 물질의 강도에 따라 구취가 달라지게 된다. 그런데 구취는 구강위생의 문제에만 그 원인이 있는 것이 아니라 다양한 원인이 있을 수 있다.

헨켈의 전 직원으로서 솔직하게 인정하겠다. 화장품 및 헬스케어 제품 시장은 선물로 가득 찬 선물 뽑기 가방과 같은데, 여기서 소비자들이 원하는 것을 꼭 얻을 수 있는 것은 아니다. 또한 치약과 같이 지나치게 많은 보충 성분들이 들어 있는 제품도 상당히 많다. 치과 및 구강위생에 있어 가장 중요한 것은 하루에 여러 번 양치질을 하고 치실로 치아와 혀의 치석을 기계적으로 제거하는 것이다.

그 외에는 아무것도 필요하지 않다. 거품과 맛을 강조한 치약, 구강세척제나 아연, 트리클로산과 같은 특별한 항균제가 포함된 치약, 이 모두가 불필요한 과잉일 뿐이다. 단지 치아 부식을 방지하는 불소방지제만이 실제로 의미가 있다. 불소방지제는 그 독성으로 인해 많은 논쟁거리가 되고 있긴 하지만 독성 용량에 도달하려면 15kg 체중의 어린이가 치약 한 통을 다 먹어야 한다. 더구나 어린이를 위한 치약에는 불소가 함유되지 않은 제품이 많다. 그 대신 에나멜 강화를 위해 불소정제를 사용하기도 한다.

독일의 치과의학협회가 의뢰한 2016년 경구 건강 연구 결과에 따르면 현재 12세 아동 중 80% 이상에서 치아 부식 현상이 없는 것으로 나타났다. 이 획기적이면서도 긍정적인 결과는 불소 덕분이다. 왜냐하면 이 물질은 칼슘과 여러 미네랄을 에나멜에 결합시켜 충치를 예방하는 데 도움을 주기 때문이다.

경영진에 대한 헨켈의 훈련 방법 중 하나는 직원들이나 동료들과 구조적 대화를 숙달하게 하는 것이다. 아주 고난이도의 대화 기술 중 하나가 입 냄새나 체취가 강하게 나는 사람에게 신중한 방식으로 그것을 알려주는 것이었다. 조심스럽고 무례하지 않게 예민한 상황에 맞춰 적절한 방식으로 눈을 맞추고 많은 "동료들이 '그것을' 눈치챘으며 '그것이' 여러 사람을 불편하게 만들고 있으니 간단한 방법으로 뭔가를 해보는 게 어떻겠는가?(옷을 갈아입거나 자전거 타기를 한 후 샤워를 한다거나 양치질하기)"라고 제안하는 것이다. 특히 화장품

회사에서 일하는 직원이라면 더욱 조심해야 하지 않을까.

　돌이켜 생각해보면 헨켈에서 일하는 4년 동안 그런 대화를 나눠야 할 일이 없었다는 것이 나는 매우 기쁘다. 말을 듣는 쪽이건 하는 쪽이건 똑같이 어색한 일이기 때문이다.

솔직히 하루에
몇 번이나 손을 씻는가

책의 내용은 다음과 같은 짧은 공식으로 요약할 수 있다. 손을 씻어라! 가정위생에 관한 한 이것이야말로 위생사가 해줄 수 있는, 처음이자 가장 중요하고 심지어 의무적이기까지 한 조언이다.

그런데 시간이 지나면서 의학계에서도 손의 소독을 철저히 할 경우 감염 가능성이 최소 3분의 1은 낮아질 수 있다는 관점이 뿌리를 내렸다. 그리고 이는 위장염이나 위험한 다제내성균의 전염뿐만 아니라 비교적 무해한 감기의 경우에도 해당된다.

독일 국가지원건강계몽센터에 따르면, 손을 깨끗이 씻으면 폐렴과 설사 빈도를 최소한 50% 정도 감소시킬 수 있다. 그럼에도 불구하고 손위생에 대해서는 여전히 매우 무지한 수준이다. 2017년 조사에 따르면 식사시간에 손을 씻지 않은 채 식탁에 앉는 독일인이 세 명에 한 명 정도라고 한다. 병원균을 감시하는 국가기준센터가 불만을 제기한 것처럼 의사와 간호사조차도 환자와의 접촉에서 필요한 손 소독을 오랫동안 소홀히 해왔다.

물론 이들이 나쁜 의도로 그러한 행동을 하는 것은 아니다. 의사들은 보통 매우 바쁜 일정으로 움직이기 때문에 진료 때마다 손을 씻기는 어렵다. 게다가 의사나 간호사는 직업상 평균적인 일반인들보다는 훨씬 더 자주 손을 씻고 소독한다.

이러한 위생상의 일정 때문에 수많은 건강 전문가들은 고통스럽고 가려운 습진이라는 대가를 지불해야 한다. 불과 몇 년 전만 해도 수술 전에 '손 씻기'를 철저하게 해야 한다는 규정이 있었지만, 시간이 흐르면서 이러한 규정은 중단되었다. 지나친 손 세척으로 인해 손의 부상 위험이 커지고 염증과 감염 위험이 더욱 증가했기 때문이다. 오히려 손과 피부에 지방질을 보충하는 관리 방식으로 초점을 옮겨가게 되었다. 이는 손의 피부 손상을 방지하기 위한 것으로 우리 가정에서도 적용된다.

☀ ⌇⌇⌇⌇⌇ 치명적인 '시체의 일부분'

19세기 후반에는 맨손으로 수술하는 것이 도처에서 행해졌다. 그런 상황에서 헝가리 출신 산부인과 의사였던 이그나즈 필리프 제멜바이스(Ignaz Philipp Semmelweis, 1818~1865년)는 산모의 높은 사망률에 대해 걱정하고 있었다. 오늘날 현미경으로 볼 수 있는 작은 병원체를 제멜바이스는 볼 수 없었다. 하지만 그는 산욕열로 인해 많은 여성들이 죽어가는 것이 수술 의사들이 손을 씻지 않는 것과 관련 있다는 것을 직감적으로 알아차렸다. 심지어 어떤 의사는 다른 환자들을 치료하기 직전에 시체를 부검하기도 했다. 제멜바이스는 '시체의 일부분'을 만진 위험한 손으로 치료할 경우 환자들에게 병을 옮기는 것은 아닐까 의심했다. 미생물학적인 지식이 희박했던 19세기 중반의 의사로서는 매우 독창적인 결론이 아닐 수 없다.

오랜 관찰 끝에 제멜바이스는 동료 의료진들에게 환자들과 접촉하기 전에 항상 염소 처리된 석회로 손을 소독하라고 요구했다. 의사 손을 질병의 매개체로 의심하는 것은 의료계에서는 일종의 신성모독으로 여겨졌다. 따라서 오늘날에는 상상할 수 없지만 제멜바이스의 전향적인 위생 권고는 동료들로부터 완전히 무시되었다.

그런데 제멜바이스의 개인적인 삶은 훨씬 더 불행한 방향으로 흘러갔다. 1865년 제멜바이스는 비엔나 근처의 정신병원에서 알 수 없는 이유로 47세의 나이에 사망했다. 사후에야 그는 현대의학의 영웅적인 인물로 가치를 인정받게 되었고, 20세기에 들어서면서 '산모들의 구세주'로 여겨졌다.

약 150년이 지난 오늘날 올바른 손위생에 대한 논의는 새로운 차원에 도달했다. 아마도 환자와 의사 간의 의례적인 악수는 곧 사라지게 될 것이다. 왜냐하면 고전적인 악수는 미국에서 일반적인 주 먹치기나 하이파이브 인사보다 훨씬 더 많은 세균을 전염시키기 때 문이다. 어떤 개인병원에서는 환자를 악수로 맞이하는 관습이 이 미 사라지고 있다.

의학계에서는 이것이 논란이 되고 있다. 사실 독일어에서 '치료 (Behandlung)'라는 단어는 '손(hand)'이라는 단어를 포함하고 있기 때 문이다. 그런 반면 의사들은 하루에도 100번 넘게 악수를 한다. 현 대의 소독제는 보습 성능을 가지고 있다지만 100번 이상 사용하면 여전히 피부에 부담을 준다. 따라서 그 상황을 완화시키기 위해 환 자들이 감염성 질병으로 진료를 받으러 갈 경우에는 악수를 자발적 으로 거절하는 방법도 있다.

☀ ⸺ 30초간의 관리

가정위생에서 손을 씻는 행위는 작은 노력에 비해 커다 란 이득을 얻는 것이라고 생각할 수 있다. 이처럼 간단한 행동에 대 해 그토록 많은 사람들이 논쟁을 벌이는 것을 보면 의아함을 느끼 지 않을 수 없다. 하지만 손 씻는 과정에서도 매우 정성을 다해 따라 야 할 규칙이 있다는 것을 알아야 한다. 비누를 손가락 틈새나 엄지 손가락 주변, 손톱 밑까지 조심스럽게 묻히고 문지르려면 최소한 30초간의 시간이 필요하다.

세균을 없애기 위해서라면 그냥 씻는 것보다 비누로 씻는 것이 훨씬 더 좋다는 것은 의심할 여지가 없다. 그렇게 하면 세균 수는 10~1,000배 가까이 줄어들 수 있다. 하지만 충분한 양의 비누를 사용하는 것이 중요하다. 일반 비누나 항균성 비누를 사용하면 박테리아 수가 더 감소한다는 조사 결과를 입증할 수 있다.

하지만 비누가 없을 때는 어떻게 해야 할까? 일부 미생물학자들은 그럴 경우 차라리 손을 씻지 않는 것이 더 낫다는 의견을 가지고 있다. 그 이유는 물을 통해 세균이 훨씬 더 많이 옮겨올 수 있다는 것이다. 물론 반대 의견도 있다. 순수한 물을 사용하더라도 세균의 수를 측정 가능한 범위 내에서 쉽게 줄일 수 있다는 것이다. 나는 분명 두 번째 의견에 찬성한다.

병원에서 위생적, 외과적인 손 소독은 정해진 절차를 따른다. 가정에서 아픈 가족을 돌볼 경우에는 소독약을 사용해야 한다. 하지만 보통은 굳이 그렇게 하지 않는다.

그런데 우리가 알아야 할 사항이 있다. 보통 손 세정제를 다 쓰면 손 소독제를 사용하기도 한다. 또 공중화장실에 손 소독제를 비치해놓는 경우도 많다. 하지만 손 소독제는 다른 소독제와 마찬가지로 무차별적으로 미생물을 죽인다. 따라서 장기적으로는 피부의 산성 구조를 조직하고, 면역체계를 자극해 병원성 미생물과 싸우는 좋은 미생물조차 박멸할 수 있다.

적절한 수온은 그 자체가 과학이라고 할 수 있다. 오랫동안 사람들은 뜨거운 물에 손을 씻는 것만이 확실한 안전을 보장한다고 생각했다. 하지만 이 주장은 취하되었다. 뜨거운 물은 피부의 지방분을 앗아가므로 피부를 갈라지고 불안정하게 만들어 사악한 세균들이 들어올 수 있도록 문을 열어주기 때문이다. 따라서 미지근한 물을 사용하는 것이 원치 않는 세균을 가장 잘 씻어낼 수 있는 방법이다. 또한 찬물에 비누를 사용해 씻는 것도 목적에 부합된다.

☀ ⸺ 남자라는 게으른 성

나는 종종 하루에 얼마나 자주 손을 씻어야 하는지에 대한 질문을 받는다. 사실 꼭 정해진 횟수가 있는 것은 아니다. 하루 종일 침대에 누워 이불 외에는 아무것도 만지지 않은 사람이라면 손을 씻지 않아도 된다. 그렇지 않다면 다음과 같은 경우에는 꼭 손을 씻기 바란다.

- 음식을 요리하기 전후
- 화장하기 전
- 기저귀를 갈고 난 후
- 쓰레기를 버린 직후
- 먹기 전후
- 화장실에 다녀온 후
- 동물이나 환자와 접촉한 후
- 여행에서 돌아오거나 슈퍼마켓에 잠시 다녀오거나 집에 와서는 항상 손을 씻는다.

여러 연구 결과, 손위생에 있어서 남성이 여성보다 더 부주의하다는 것이 밝혀졌다. 또한 미국 미생물학자의 연구 결과 성별에 따라 손의 미생물 분포에 차이가 있는 것으로 나타났다.

콜로라도대학에서 자신의 연구실을 운영하는 노아 피에러(Noah Fierer)만큼 손에 서식하는 미생물을 자세히 연구한 과학자는 드물 것이다. 100명이 넘는 사람의 손을 분석해 연구원들은 총 4,800여 종의 세균을 발견했다. 이는 소화관의 다양성과도 일치했다.

세균이 다양한 이유는 간단하다. 손처럼 여러 표면과 접촉하는 다른 신체 부위는 거의 없기 때문이다. 또한 미생물 세포군이 손만큼 빨리 변하는 곳은 다른 어느 신체 부위에서도 찾아볼 수 없다. 지하철을 타거나 개를 쓰다듬거나 모래더미에서 아이들과 놀게 되면 손 안의 미생물적 구성이 크게 달라지게 된다. 현미경을 들여다보면 각각 달라진 그림을 볼 수 있다.

더욱 놀라운 것은 인간의 왼손과 오른손의 미생물 유사성이 17%에 불과하다는 점이다. 속담이 아니라 정말로 왼손은 오른손이 무슨 일을 하고 있는지 모르는 것이다. 분명 우리는 양손으로 다른 일들을 하고 다른 것들을 만지며 살아간다.

여성의 피부 pH 값이 약간 더 높은 것은 이들의 피부에 더 다양한 박테리아 세균군이 서식하고 있기 때문일 것이다. 또 다른 이유로는 여성들이 화장품을 사용하며 규칙적으로 손위생에 신경을 쓰기 때문이다.

주목할 만한 것은 남성의 경우보다 여성의 손에서 배설물 박테리아가 더 많이 발견된다는 점이다. 이런 현상에 대해 내 아내는 간단하게 설명을 해주었다. "여자들이 화장실을 더 자주 청소하기 때문이지요!"

세탁기의 경고:
우리를 괴롭히는 빨래 속 세균들

헨켈에 있을 때부터 동료들에게 자주 들었던 말이 있는데 그것은 "옷을 세탁할 때 가장 위험한 일은 더러운 세탁물을 손으로 일일이 가려내는 작업이다."라는 말이었다. 맞는 말이다.

세탁기를 통한 질병의 전염은 사실 가정에서는 문제가 되지 않는다. 현대 사회에서는 육체 노동이 점점 줄어들고 있다. 우리들 중 다수는 서비스 분야에 종사하고 주로 사무실에서 일한다. 그러다 보니 세탁물도 더 이상 그렇게 더럽지 않은 것이다. 더불어 뜨거운 물로 빨래를 삶는 일도 요즘에는 이례적이 되어가고 있다.

그럼에도 불구하고 가정 내에서 세탁을 하다 보면 불쾌한 세균에 감염될 수 있는 이론적인 가능성이 있다. 예를 들면 무좀이나 노로바이러스 같은 저항성 병원균이 그것이다. 물론 사람들이 직접 서로 손을 맞잡거나 가정 내에서 세균으로 가득 찬 물건을 만지는 것이 훨씬 더 큰 위험요소가 된다.

집에서 세탁을 하는 주된 목적은 세탁물을 소독하는 것이 아니라 먼지와 얼룩과 냄새를 제거하는 것이다. 이는 특히 병원이나 요양원에서 더욱 중요하다. 병원이나 요양원에서는 위독하거나 면역력이 저하된 사람들이 많다. 그곳에서는 세탁물을 특별한 화학적 열처리 소독 방식으로 처리한다. 수술실에서 사용하기 위한 천은 120℃에서 수증기로 세탁하고 2bar의 압력 이하에서 멸균한다. 하지만 가정에서는 이러한 노력이 필요하지 않다. 현대식 세탁기와 성능이 뛰어난 세제는 확실하게 세탁을 할 수 있다. 그럼에도 불구하고 세제를 연구하는 부서는 시대에 뒤떨어지지 않기 위해 애쓰고 있다. 왜 그런 것일까?

☀ ─── 마법의 재료: 표백제

오늘날에 유행하는 세탁 방식은 불행히도 세탁물을 위생적으로 처리하는 데는 역효과를 낳고 있다. 에너지 절약과 지속 가능성을 위해 오늘날에는 과거보다 낮은 온도에서 세탁하는 경우가 많아졌다. 게다가 현대에는 과거보다 훨씬 민감하고 강한 화학 성분이나 고온을 견디지 못하는 옷감이 많아졌다.

게다가 더 큰 문제는 액체세제가 압도적으로 많이 사용된다는 점이다. 액체세제는 분말세제보다 사용하기가 훨씬 편할 뿐만 아니라 찌꺼기를 남기지 않는다. 그러나 세균과의 싸움에 있어서 핵심 성분이라 할 수 있는 표백제가 포함되어 있지 않다.

표백제는 씻는 동안 과산화물(활성산소)을 생성하는데, 이는 얼룩을 지우는 동시에 산화작용으로 미생물을 죽이기도 한다. 하지만 이 물질은 분말 형태로 된 강력세제에서만 의미가 있다. 액체세제에서는 표백제를 사용할 수 없다. 색깔이 있는 빨래에 표백제를 사용하면 색상을 파괴할 수 있기 때문이다.

액체세제는 수분 함량이 높다. 수분을 많이 포함하고 있는 물질은 모두 쉽게 미생물에 오염될 수 있다. 세제에 필수적인 세정 활성 물질로 사용되는 계면활성제는 탄화수소로, 이는 미생물의 완벽한 먹이가 되어 준다. 따라서 액체세제는 방부제와 같은 보존제를 넣어 만들어야 한다. 그렇지 않으면 액체세제도 썩게 된다. 부패한 세제는 나쁜 냄새로 알아차릴 수 있다. 미생물학자들이 주로 읽는 한 잡지에서 액체세제의 주된 특징에 대한 글을 읽었는데, 꽤 설득력 있게 와 닿았다. 미생물들로부터 보호받기 위해서는 액체세제가 고농도로 응축된 형태여야 하는 것만 보더라도 세탁기 속에서 진정한 킬러가 되지 못하는 것을 알 수 있다는 논점이었다.

헨켈에서 일할 때 내 담당 업무 중 하나는 불만을 품은 고객들에 의해 반품된 액체세제를 조사하는 것이었다. 불만의 이유는 세제에서 냄새가 난다거나 세제가 분리된 형태로 보인다는 것이었다.

이는 생산 과정에서 노즐이 막혀 방부제가 충분히 투여되지 못한 경우가 대부분이었다. 내부적으로 역겹거나 악취가 나는 테스트 샘플을 보관하는 장소를 '공포 보관소'라고 불렀다. 물론 외부에는 알려지지 않았지만 말이다.

☀ ———— 99%의 죽은 세균은 살아남은 수백만의 세균을 의미한다

분말세제는 건조하기 때문에 보존제를 사용할 필요가 없다. 세탁기를 돌릴 때 최고의 항균 무기인 60℃ 세탁온도를 가정에서 사용해보라. 세균과 직물에 따라 기존 세균이 99.9% 이상 감소하는 효과를 달성할 수 있다.

세제업체는 표백활성제라 불리는 것을 사용해 낮은 온도에서도 표백 성능을 발휘할 수 있는 세제를 만들고자 노력한다. 이는 위생과 지속 가능성을 조화시키는 좋은 방법이다. 액체세제는 모든 세균의 거의 99%를 죽인다. 하지만 기억해야 할 것은 절대적으로 많은 수의 세균이 여전히 세탁기 안에 남아 있다는 것이다. 다시 말해 미생물의 99%가 세탁 과정에서 파괴된다 하더라도 여전히 수백만 마리는 살아남는다는 것이다. 면역력이 약한 사람에게는 이조차도 무시할 수 없는 수치가 된다.

세제의 항균 기능은 여러 요인에 따라 달라진다. 사실 미생물학자들, 그리고 궁극적으로 소비자들을 행복하게 만드는 일이 환경에는 그리 도움이 되지 못한다. 그 이유는 세균이 제거되고 파괴될수록 더 높은 세탁온도나 긴 세탁시간 등으로 인해 더 많은 에너지를 사용해야 하기 때문이다. 세균으로 인한 괴로움에서 벗어나기 위한 대안적인 방법을 제시해보겠다.

하지만 독일의 소비자 보호기관 스티프퉁 바렌테스트는 충격적인 사실을 밝혀냈다. 이들에 따르면 대부분 권장온도보다는 낮은 수온으로 세탁을 한다는 것이다.

세계의 많은 나라에서는 여전히 차가운 물을 사용하거나 수돗물 온도에 맞춰 세탁을 한다. 미국이나 일본이 대표적인 예다. 이들 국가에서는 온도를 높이는 대신 투여하는 세제의 양을 늘린다. 이는 에너지를 줄이는 확실한 방법이긴 하지만 환경에는 여전히 스트레스를 준다.

☀ ⸺⸺⸺ 효소: 실험실의 오염물질 살인자

현대의 세제 성분 목록은 화학자들이나 이해할 수 있는 것이다. 계면활성제, 수성유연제, 세척알칼리, 발포 억제제, 향수, 표백제 및 형광발광제, 표백활성제 및 안정제, 색 전달 억제제 및 방부제 등등.

그런데 여기에서 자세히 살펴볼 가치가 있는 성분도 있다. 조직

- 세제의 양을 알맞게 넣는다. 이는 미생물을 파괴하는 데 결정적인 요인이다. 또한 고온 세탁을 규칙적으로 한다.
- 세탁기에 지나치게 많은 세탁물을 넣으면 세탁 효과가 떨어진다. 특히 세탁물이 많이 오염된 경우 더욱 그렇다.
- 여러 번 헹굴수록 세균과 세제 잔류물이 잘 씻겨 나간다.
- 세탁기에서 나는 냄새를 제거하기 위해 가끔씩 강력세제를 사용해 60~90℃로 빈 세탁기와 배수관 등을 세척하고 세척 후 뚜껑을 열어서 잘 말린다.
- 세탁기와 세탁물에 대한 건조는 잘할수록 좋다. 햇빛에 말리고 다림질을 하면 세균이 추가적으로 제거된다.
- 높은 온도에서 세탁하면 세탁물에서 냄새가 나지 않는다. 하지만 합성 섬유로 된 의류는 세균과 냄새를 흡수하는 기능은 면과 비슷하지만 높은 온도를 견디지 못한다.
- 민감성 의류는 별도로 직접 중성세제로 세탁한다.
- 섬유유연제나 특수 위생린스 또는 세탁기용 세척제는 미생물학적으로 볼 때 필요가 없다.

의 얼룩을 구체적으로 '먹어 치우기 위해' 세제에 들어 있는 효소 성분이다.

대부분의 효소는 말 그대로 미리 설계된 형태로 세제 속에 포함되는데, 효소의 양에 따라 청소의 성능이 결정되기 때문이다. 세제에 효소가 많이 들어갈수록 값이 비싸진다.

대체로 아직 특허 보호가 되지 않은 효소를 성공적으로 개발하는 데는 수년이 걸리는데 무엇보다도 특정한 세제 공식이 안정적으로 활동하도록 개발하는 데 많은 시간이 소요된다. 이러한 연구 개발 과정에는 비용이 많이 들어가므로 당연히 제품 가격에 반영된다.

10년에서 15년 전까지만 해도 특히 열에 강한 효소를 개발하거나 60℃의 고온에서도 성능을 발휘할 수 있도록 효소의 유전자를 조작하는 것이 유행이었다. 하지만 새로운 세탁 습관은 새로운 세탁 방법을 필요로 한다. 이를 위해 연구소들은 획기적인 해결책을 찾고 있다. 그리하여 연구원들은 15~20℃ 사이의 낮은 온도에서도 효과를 발휘하는 효소를 찾고 있는 것이다.

가령 유전자변형 미생물을 통한 세제 효소의 생체공학적인 생산을 다루는 소위 백색 및 회색의 유전공학은 녹색(식물)과 적색(인간 세포, 동물) 유전공학과는 대조적인 형태로 사회에 폭넓게 받아들여지고 있는데, 이는 놀라운 변화라 할 수 있다.

내가 근무했던 헨켈은 오랫동안 그룹 내에 대규모 효소기술 부서를 두고 있었다. 하지만 시간이 지나면서 부서의 크기는 현저히 축소되었는데, 비용상의 이유로 효소 개발을 전문화된 외부 회사에 위탁하는 일이 많아졌기 때문이다. 회사 내의 연구소에서는 기업의 자체 조건에 최적화된 효소만을 개발하게 되었다.

연구에 따르면 세탁기는 미생물에 이상적인 생활공간을 형성하고 있다. 그곳은 따뜻하고 습하고 영양이 풍부하다. 그곳에서 박테리아는 끈질긴 바이오필름을 형성하는데, 이 바이오필름은 세탁기의 세제 투입장치나 뚜껑 부위 안쪽 등 사람의 손이 닿지 않아 청소하기 어려운 곳에 자리 잡기 쉽다.

이와 관련해 구형 모델에 비해 현대식 세탁기의 단점이 눈에 띈다. 신형 세탁기는 종종 비용상의 이유로 금속 부품 대신 값싼 플라스틱 부품을 많이 사용하는데, 이곳에는 바이오필름이 더 잘 달라붙는다. 푸르트방겐대학의 연구에서 우리는 세탁기 한 대 안에 수백 종의 박테리아와 곰팡이가 서식하고 있다는 것을 증명할 수 있었다. 바이러스나 원생동물의 자연적 서식 여부에 대해서 우리는 거의 아무것도 알지 못한다.

세탁 후 헹굼 과정에서 풍부한 세균군에 의해 빨래에 세균이 다시 옮겨올 가능성도 있다. 또한 무산소 상태의 바이오필름에서는 악취가 날 수도 있다. 따라서 세탁한 세탁물에서 냄새가 나는 것은 세탁기 안에 우글거리는 세균 때문일 수 있다.

하지만 벨기에 연구원들은 한 연구에서 세탁물의 섬유에 남아 있는 피부 박테리아가 나쁜 냄새를 일으키는 원인이 아닌가 추정하기도 했다.

사실 세탁물에서 냄새가 나는 원인은 아직 확실하게 밝혀지지 않았다. 일본 연구진은 냄새를 유발하는 세균이 모락셀라 오슬로엔시스(Moraxella osloensis)라는 것을 밝혀냈다. 이 박테리아는 인간의 피부나 점막에 서식하는 전형적인 세균인데 자연 조건에서도 발생한다. 따뜻한 실내에서 비에 젖은 모직 코트를 걸어 말릴 때 나는 퀴퀴한 냄새는 아마 이들 세균 때문일 것이다.

사실 모락셀라 오슬로엔시스는 세탁기와 세탁물에서도 흔히 찾을 수 있다. 또한 부엌 수세미에서 가장 많이 볼 수 있는 세균이기도 하다. 그럼에도 불구하고 나는 냄새와 같은 복잡한 후각적 인식이 한 가지 세균으로만 환원될 수 있다고는 믿지 않는다. 분명 더 많은 세균들이 관련되어 있을 것이다.

아무리 좋은 조건이라도 일반 세탁기에서는 세탁물이 완전히 살균될 수 없다. 세탁한 후에도 몇 가지 세균이 남아 있고, 반복하더라도 단지 수가 줄어들 뿐이지 완전히 없어지지는 않는다. 남은 세균군은 번식할 수 있는 적절한 조건만 주어진다면 다시 급격하게 증식할 수 있다.

세탁하고 난 세탁물을 너무 오래 세탁기에 두는 것은 악취에 대한 보증수표와 다름없다. 또한 축축한 지하실은 갓 세탁한 옷을 말리기에 좋은 장소가 아니다. 옷장에 오래 보관한 후에 옷을 걸치면 체온에 의해 냄새가 발화될 수 있다.

내가 보기에 세탁 관련 위생 전문가들은 세균을 죽이는 방법에 지나치게 집중하고 있다는 생각이 든다. 또한 미생물학 분야의 많은 동료들이 자신들의 견해를 증명해줄 하나의 큰 사건을 기다리고 있는 게 아닐까 싶기도 하다. 전염성 물질이 세탁물에 퍼지면 가정 내에서도 심각한 질병에 걸릴 수 있다!

불행히도 아직까지 아무도 다음과 같은 질문을 할 생각을 하지 못했다. 옷에 세균이 남아 있다 하더라도 혹시 우리 건강에 좋은 영향을 미치지는 않을까?

사실 나는 언젠가는 세탁기에 좋은 세균을 일부러 집어넣는 날이 올지도 모른다는 생각이 터무니없다고 보지 않는다. 가령 등산용 재킷을 위한 방수용 세균을 세탁기에 넣어 세탁을 하는 것이다.

우리는 손으로 설거지를 하는 가정의 아이들이 알레르기 질병에 시달리는 경우가 현저히 적다는 것을 알고 있다. 미생물 처리된 옷을 입는 것도 비슷한 효과를 낼 수 있지 않을까?

세탁기가 큰 박테리아 항아리라는 것은 잘 알려진 기정사실이며, 이로 인해 가족구성원들의 피부 미생물은 점차 똑같아진다. 이것이 가족들에 대한 가장 큰 사랑의 선언이라고는 볼 수 없다. 신체의 모든 미생물을 가족들과 공유한다고?

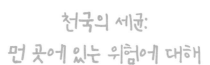

천국의 세균:
먼 곳에 있는 위험에 대해

여행을 다녀온 사람은 분명 할 말이 많을 것이다. 내 경험으로 봐서 특히 인기 있는 주제는 이국적인 기생충에 의해 유발되는 설사에 대한 이야기다. 물론 황야의 주민들과 뜻밖의 조우가 이 주제보다 덜 인기 있다는 것은 아니지만.

미래의 미생물학자로서 나는 케냐의 국립 야생동물 보호구역 마사이 마라 사파리에서 두 가지를 동시에 경험할 수 있는 기쁨을 맛보았다. 조심성 없이 참가했던 덤불 바비큐 파티 직후 내 몸의 댐이 한꺼번에 터졌다. 친구와 여행 동료 한 사람이 급히 설사약을 가지러 이웃 오두막으로 달려갔다. 그러나 그리 멀리 가지 못했다. 우리 오두막 입구에 하마 한 마리가 있었던 것이다.

하마는 아프리카에서 가장 위험한 동물 중 하나다. 하마는 매년 사자보다 더 많은 사람을 죽인다. 설사의 괴로움 속에서도 나는 그 순간의 상황에 웃지 않을 수 없었다. 그때 나는 예기치 않은 이러한 사태에 대해 미생물학자의 입장에서 여행 가이드를 쓰기로 했다.

다음 페이지는 짧은 형식의 일종의 여행 가이드다. 그렇다고 해서 이것이 여행을 방해하려는 의도는 아니다. 모든 여행은 당연히 일정한 위험을 수반하지만 그저 집에만 있는 것은 훨씬 더 나쁘다. 오늘날 우리에게 지구 구석구석을 여행할 수 있는 기회가 주어졌다는 것은 말할 수 없이 놀라운 일이다. 하지만 수많은 미생물과 기생충들이 우리의 목적지에 항상 도사리고 있다는 사실을 기억해야 한다. 그리고 때때로 우리를 기다리는 것이 무엇인지를 알아두는 것도 나쁘지 않다.

다음 말썽쟁이들을 따라가다 보면 분명 세계에서 가장 아름다운 곳으로 여행하게 될 것이다.

☀ ∙∙∙∙∙∙∙ 미국의 흑사병

매년 미국에서는 전염병에 시달리는 사람들에게 커다란 불확실성이 기다리고 있다. 이른바 흑사병은 과거 시대의 전염병이다. 추정컨대 14세기 페스트균은 유럽에서만 약 5,000만 명 정도를 죽음에 이르게 했으며, 유럽 전체 인구의 거의 절반을 소멸시켰다. 많은 사람들은 이제 페스트가 완전히 물러갔다고 생각한다.

하지만 그건 착각일 뿐이다.

병균은 여러 나라에서 퇴각해 머물 수 있는 저수지를 발견했다. 여기에는 미국에서 가장 아름다운 장소들, 뉴멕시코와 애리조나, 콜로라도, 캘리포니아, 사우스 오리건, 네바다와 같은 지역의 국립 공원과 자연보호구역이 포함되어 있는데, 이곳은 뛰어난 경치로 인해 많은 관광객들을 끌어들이고 있다.

이 병의 매개체는 벼룩이다. 기생충은 이미 감염된 설치류의 피를 먹고 병원균을 다른 설치류와 같은 숙주들에게 전달한다. 거기에는 인간도 포함되어 있다. 새로운 희생자를 물어뜯은 자리에 벼룩은 수천 배의 병균이 득시글거리는 혈전을 토해놓는다.

항생제의 사용으로 감염된 사람들이 회복될 가능성은 매우 높다. 따라서 페스트 전염병이 다시 한 번 전 세계를 휩쓸고 다닐 공포는 거의 없다. 하지만 페스트 증상이 독감과 비슷하기 때문에-열, 오한, 몸살-그 위험성을 환자가 항상 인식하는 것은 아니다. 페스트는 치료하지 않으면 대부분의 경우 사망에 이르게 된다.

21세기의 첫 10년 동안 세계보건기구에 의하면 거의 2만 2,000건의 새로운 페스트 환자가 발생했다. 그중 1,600건 이상이 치명적인 질병으로 판명되었다. 중세시대 한때 그랬듯이 림프절 페스트는 이 전염병의 가장 일반적인 형태다.

☀ ─────── 천국에서의 공포

2009년, 드레스덴 출신 여성의 사연이 언론에 널리 퍼졌는데, 하와이의 낙원에서 끔찍한 사고를 당한 이야기였다. 미세한 열대성 벌레가 그녀의 중추신경계에 뿌리를 내리고 그 부위를 파괴한 것이다. 무시무시한 이 기생충의 이름은 광동 주혈선충(Angiostrongylus cantonensis)이다. 원래 이 기생충은 하와이 마우이섬에만 살고 있었다. 그런데 보건당국은 이들을 훨씬 멀리 떨어진 곳에서도 발견했다. 마다가스카르나 이집트, 미국의 뉴올리언스에서 이들이 발견된 것이다.

광동 주혈선충에 감염된 사람들은 지옥 같은 고통을 경험한다고 한다. 마치 머리에 긴 바늘을 꽂고 찌르는 듯한 고통이라고 한다.

보통 씻지 않은 과일이나 채소의 섭취를 통해 이 기생충에 감염된다. 드레스덴 출신의 이 여성도 씻지 않은 파프리카를 먹고 감염되었다. 그런데 이 기생충이 인간의 몸속으로 들어가기까지는 우여곡절이 많다. 우선 쥐가 배설을 하면 민달팽이 종류가 지나가면서 기생충을 몸에 묻힌다. 그리고 이들이 과일과 채소 위를 지나갈 때마다 기생충이 여기에 남게 된다.

그렇지만 다행인 것은 안정적이고 건강한 면역체계를 가진 사람들은 걱정할 필요가 거의 없다는 것이다. 불행인 것은 일단 이 기생충이 뇌에 파괴적인 영향을 끼치기 시작하면 그것을 막을 길이 거의 없다는 것이다.

☀ ∽∽∽ 물속의 시한폭탄

람블편모충(Giardia intestinalis)이라는 기생충은 매년 수십만 명의 사람들, 특히 열대지방의 여행객들에게 매우 불쾌한 설사를 선사한다. 이 장내 기생충은 대체로 오염된 분변을 통해 우리 몸에 침투한다. 이들은 얼음 정육면체에서 살거나 과일이나 채소를 씻을 때 식수에서 옮겨온다.

하지만 휴일의 낙원에서 시원한 물속에 들어갔던 사람들도 이런 병원균과 접촉할 수 있다. 뉴질랜드의 국립공원에는 절반 이상의 강이나 계곡에 이 단세포 유기체가 살고 있을 것으로 추정된다. 이 기생충의 어떤 종류는 물속에서 4개월까지 생존할 수 있다.

전 세계 사람들 중 약 10%가 이 단세포 유기체를 가지고 있을 것으로 짐작된다. 람블편모충은 입을 통해 위장 속으로 들어가 그곳에서 시한폭탄처럼 작용한다. 몇 주 후에 이 기생충은 설사와 심각한 더부룩함, 위경련 등을 일으킨다. 하지만 약을 섭취하면 증세는 빠르게 호전된다.

과학적인 관점에서 보자면 람블편모충은 독특하다. 세포핵은 있지만 미토콘드리아가 없기 때문에 수년 전 과학자들 사이에서는 이 기생충에 대한 토론이 활발하게 이루어졌다. 이후 설사를 유발하는 이 기생충은 비교적 원시적인 원핵생물(핵이 없는 단일 세포)이 아니라 진보된 진핵생물(핵이 있는 단일 세포 또는 복수 세포)에 속한다는 결론을 내렸다.

백상아리와 아메바처럼 생긴 편모충인 네글레리아 파울러리(Naegleria fowleri)의 차이점은 무엇일가? 사람은 상어와의 만남에서 살아남을 가능성이 분명 있다. 그러나 살인자 아메바가 몸속에 침입했을 경우 그 가능성은 거의 제로다.

2005년부터 2014년 사이 미국에서는 네글레리아 파울러리에 감염된 35건의 사례가 보고되었다. 그중 단 두 명만이 살아남았다. 기생충은 따뜻한 샘, 강, 호수뿐만 아니라 염소 처리가 충분하지 않은 수영장이나 풀장에도 숨어 있을 수 있다. 이 기생충은 신선한 물에서만 살 수 있다.

감염은 코를 통해서 일어나는데 코로 들어간 단세포 유기체들이 곧바로 뇌에 침투하는 것이다. 짧은 시간 안에 기생충은 충혈성 뇌염을 일으키고 보통 5일 내에 사망에 이른다.

네글레리아 파울러리는 전 세계적으로 흔하지만 대부분 미국과 호주에서 감염자가 발생한다. 그러나 전문가들은 기후의 온난화로 인해 이 뇌 기생충이 앞으로 더 심각한 문제가 될 수도 있다고 우려하고 있다.

연구원들은 아세틸콜린이라 불리는 뇌의 화학적 전달자가 이 아메바 기생충을 유인할 가능성이 있다고 본다. 이 같은 새로운 통찰을 통해 의사들은 가까운 미래에 이 단세포 유기체에 대항하는 효과적인 약을 찾을 수 있을 것이라는 희망을 품고 있다.

하지만 효과적인 약물로도 감염에 따른 기본적인 문제를 해결하지는 못하고 있다. 보통 감염 며칠 후에 나타나는 두통, 열, 메스꺼움 등의 증상은 다른 많은 질병의 증상들과 연관될 수 있다. 게다가 정신질환이나 환각 증세를 불러일으키기도 한다. 이 균형장애는 네글레리아 파울러리가 뇌 안에서 얼마나 파괴적인 작용을 하는지 잘 보여주고 있다.

따라서 정확한 진단을 내리는 데는 아직 큰 어려움이 있다. 하지만 아메바가 치명적인 효과를 내는 속도를 감안하면 오진의 여지는 거의 없다.

☀ ⸺ 열매로 인한 위험

주로 남아메리카에서 유행하고 있는 샤가스 병의 특징은 발견하기가 어렵다는 것이다. 이 질병은 크루스파동편모충(Trypanosoma cruzi)이라는 병균이 심장 근육과 신경계에 침입함으로써 유발된다.

감염 초기에는 발열, 복통, 그리고 림프절 부종 등 독감과 유사한, 특이점이 없는 증상이 나타난다. 이로 인해 샤가스 병을 발견하기는 쉽지 않다. 그러다 보니 급성기에 치료가 가능한 경우가 대부분이다.

감염자는 키스광이라고도 불리는 침노린재류의 흡혈곤충인데 부드러운 얼굴 피부에 침을 쏘고 나서 상처에 배설물을 싼다.

병균이 인간의 몸속으로 들어가면 장기간 이어지는 고통을 유발시키는데, 원인이 뒤늦게 밝혀지는 경우가 대부분이다. 그 증세 중 하나가 심장비대증과 장 부종이다. 미국과 유럽에서 슈퍼 푸드로 알려진 남미에서 흔한 아사이 열매는 이 위험한 병원체의 잠재적인 전달자로 여겨진다.

추정치에 따르면, 약 2,000만 명의 남미인들이 이 병균에 감염되었다. 그 결과 괴로움에 시달리던 10명 중 한 명은 사망했다. 현재 샤가스 병에 대한 백신은 없다. 전문가들은 이 병원체가 현재 유럽으로도 들어와 있으며 스페인에서만 5만 명 정도가 샤가스 병에 걸린 것으로 추정하고 있다. 심지어 수천 명의 감염 의심자들도 아직 진단을 받지 못한 상태인 것으로 추정된다. 따라서 이들이 수혈이나 장기 기증을 통해 병원균을 옮길 위험도 도사리고 있다.

☀ 주혈흡충의 공격

빌하르츠는 이른바 만손주혈흡충(Schistosoma mansoni)에 의해 발생하는 열대 전염병이다. 보수적으로 추정하더라도 전 세계적으로 최소한 2억 3,000만 명 이상이 주혈흡충에 감염되었다.

기생충은 주로 아프리카, 남아메리카, 아시아의 일부 지역에서 발견된다. 특히 수온이 평균 20°C를 넘는 고인 물이나 서서히 흐르는 물은 병원균이 서식하기 좋은 환경이다.

그중에서도 병원균이 중간 숙주로 삼는 달팽이 종이 많이 서식하는, 수풀이 우거진 해안 지역이 감염되기 쉬운 곳이다. 또한 목욕할 때나 물속에 발을 디딜 때 유충이 피부를 뚫고 몸속으로 침투한다. 물이 몇 방울만 튀어도 주혈흡충에 쉽게 감염될 수 있다. 하지만 사람끼리 직접적으로 감염되는 것은 불가능하다.

감염이 되면 며칠이 지나고 나서 몸이 가렵고 두드러기가 나타나게 된다. 이러한 증상들은 몸이 병원체를 인지하고 그에 대한 방어체계를 조직했다는 것을 보여준다. 하지만 이러한 조직만으로는 침입자를 제거하지 못한다.

감염이 되었다는 것을 알지 못하고 치료를 하지 않은 채 방치하면 유충은 시간이 흐르면서 성장해 성인 벌레가 되고 혈관에 자리를 잡는다. 그 결과는 만성 주혈흡충증이다. 흡충들은 부지런히 증식해 하루 수백 개에서 1,000여 개의 알을 낳는다. 시간이 지남에 따라 이 기생충들은 몸의 각 조직, 특히 간, 장, 방광에 정착해 인체에 큰 해를 끼칠 수 있다.

독일에서도 흡충에 감염될 수 있는데, 오리와 거위의 대변에 오염된 호수에서 수영을 하다보면 소위 '세르카리아 피부염'에 걸릴 수 있다. 그런데 이 피부염은 가렵기는 하지만 열대의 흡충증과 달리 위험하지는 않다.

☀ ～～～ 등이 휘는 전염병

이 아름다운 휴양지 천국에는 이상한 전염병이 퍼지고 있다. 사람들은 열 발작을 일으키고 관절이 아파서 똑바로 서 있기가 힘들다. 2006년 레위니옹섬에서는 16만 명 이상이 치쿤구니야(Chikungunya)라는 열대성 열병으로 고통받았으며, 2014년 카리브해에서는 35만 명 이상의 의심환자들이 경종을 울렸다.

모리셔스와 로마에서도 열대병이 발생했다. 치쿤구니야 열병은 1952년 아프리카 탄자니아에서 처음 발견되었다. 등이나 관절에 통증이 생겨서 몸이 뒤틀리기 때문에 이 병은 '구부정한 사람'이라는 별칭을 얻게 되었다.

오랫동안 이 질병은 주로 아프리카 동부와 남부, 인도 아대륙, 동남아시아, 인도양의 섬들에 분포되었다. 하지만 이제 이 질병은 남부 유럽에도 전파되었다. 이 바이러스를 옮기는 아시아 흰줄숲모기는 현재 남부 프랑스와 다른 남부 유럽 국가들뿐만 아니라 이탈리아의 광범위한 지역에서도 볼 수 있다.

전문가들은 독일에서도 열대성 질병의 발생이 가능하다고 진단한다. 하이델베르크나 프라이부르크 같은 남부 지역에서는 이미 흰줄숲모기가 목격되었다.

치쿤구니야 열병은 심각한 증세를 동반한다. 바이러스는 심각한 열 외에도 몇 달 동안 지속되는 관절의 통증을 동반한다. 모든 바이러스 감염이 그렇듯 항생제는 여기서 아무런 효과를 발휘하지 못한다. 또한 현재 '구부정한 사람'에 대한 백신접종은 불가능하다. 열을 동반하는 증세를 불러오는 이 모기에게 물리지 않으려면 몸을 감싸는 긴 옷과 모기장을 사용하는 방법밖에 없다.

합병증과 사망 같은 치명적 결과는 간염이나 당뇨병과 같은 다른 질병과 결합될 때에만 발생할 우려가 있다. 이 질병이 치료된 이후에도 문제가 지속되는 것은 아니다. 일단 열대성 질병에서 살아남으면 그 후에는 면역력이 생기게 된다.

☀ ⌇⌇⌇⌇ 떠돌이 개들의 저주

광견병은 급성 전염병이다. 중추신경계가 영향을 받기 때문에 의식의 교란, 성격 변화, 마비 증상을 통해 질병이 발현된다. 만약 광견병을 방치한다면 그 결과는 항상 치명적으로 끝날 수밖에 없다.

독일은 광견병이 없는 것으로 간주된다. 로베르트 코흐 연구소의 정보에 따르면, 야생동물에게서 발견되는 광견병 바이러스는 2006년 2월 독일의 한 여우에게서 발견되었다. 따라서 독일인들이 이 바이러스에 감염될 위험은 주로 여행할 때라고 할 수 있다. 이런 점에서 인도는 위험한 여행지로 언급되어야 할 곳이다.

세계보건기구에 따르면 인도에서는 매년 2만 명 이상이 광견병으로 사망하는데, 이는 전 세계 광견병 사망자의 약 3분의 1에 해당한다. 인도에서 광견병 바이러스는 원숭이나 고양이, 자칼에 의해서도 전염된다. 그러나 감염의 주원인은 개다. 인도의 거리에는 약 2,500만 마리의 떠돌이 개들이 있다. 수도 뉴델리에만 25만 마리가 훨씬 넘는 떠돌이 개가 있다고 한다.

또 다른 문제로는 많은 인도인들이 광견병에 걸릴 경우 거의 죽음에 이른다는 것을 모르고 광견병 바이러스 감염의 위험성에 주의를 기울이지 않는다는 것이다. 따라서 인도로 여행하는 사람이라면 광견병 예방접종을 반드시 고려해야 한다.

지금까지 언급한 목록이 완벽하다고는 말할 수 없다. 다만 나는 미생물학적 관점에서 기생충과 미생물이 어떻게 우리 몸에 해를 끼치는지에 대해 여러분에게 알리고자 했다.

말라리아도 당연히 언급할 가치가 있다. 아프리카와 아시아에서 말라리아는 큰 문제이기 때문이다. 또한 황열병과 뎅기열은 아프리카인들에게는 특히 위협적이다. 장출혈성 대장균의 친척인 장독소성 대장균에 의해 유발되는 고전적인 여행자의 설사도 항상 우리 주위에 있다.

그러나 잠재적인 위험이 항상 먼 곳에서 우리를 위협하는 것만은 아니다. 시골 정원의 꽃밭을 가꾸는 것도 미생물학적 관점에서 보면 위험을 내포하고 있다. 정원의 흙 속에는 1g당 최대 100억 마리의 미생물 세포와 5만 종 이상의 미생물이 살고 있다. 이들 중 대부분은 무해하다. 단, 다음과 같은 세균들은 예외다.

파상풍 병원균인 클로스트리듐 테타니(Clostridium tetani)는 흙 속에 살고 있으며, 그 포자가 상처를 통해 몸 안으로 들어가 생명을 위협하는 파상풍을 일으킬 수 있다.

쥐 오줌에 의한 렙토스피라병(Leptospirosis), 생쥐 배설물에 의한 한타바이러스(Hantavirus) 감염, 퇴비를 통한 레지오넬라증

장거리 여행 시 전염병 예방 수칙

- 면역력 강화를 위해 휴가 전에 체력을 충전한다.
- 개인적 일정이나 여행 국가 등을 고려한 다음, 여행 계획과 관련해 주치의나 보건복지부의 조언을 참고한다.
- 예방접종을 적시에 확인하고 여행지에 맞게 조정한다.
- '익히거나 껍질을 벗긴 것이 아니라면 먹지 마라!' 이 여행 수칙은 장 관련 감염을 예방해준다. 또한 음료수에 얼음을 넣거나 수돗물로 이를 닦으면 전염병에 걸릴 위험이 있다.
- 여행용 설사에 대한 예방책으로 생균제를 사용할 수 있지만 그것이 기적을 불러오지는 못하며 예방조치를 대체하지도 못한다.
- 당연히 손위생에 신경 써야 한다!
- 항생제와 상처 치료제, 휴대용 정수기 등 약사의 조언을 받아 응급처치 약품을 잘 챙긴다.
- 안전하지 않은 물에서의 수영은 자제한다.
- 신발을 반드시 착용한다(기생충 감염 예방).
- 곤충퇴치제를 준비한다. 긴 옷, 퇴치제, 모기장 등
- 휴가를 마치고 돌아와 심각한 질병이 발생한 경우 의사와 상담한다.

(Legionellosis), 라임병, 진드기에 의한 진드기매개뇌염(Tick-borne encephalitis)에 대해서도 주의를 기울여야 한다.

또한 수차례 등장하는 언론 보도를 보자면 어떤 지역에서는 호수에 풍덩 뛰어드는 것도 주의할 필요가 있다. 왜냐하면 그 속에 항생제 내성이 있는 세균이 있을 수 있기 때문이다.

사실 그에 대한 나의 의견을 말하자면 물속의 병원균에 감염될 확률은 호수에서 악어를 만나거나 악어거북을 만날 확률과 비슷하다고 볼 수 있다.

스타 벅스: 이들은 우리와 함께 지구를 떠날 것이다

언젠가는 지구의 결말이 도래할 것이다. 그것에 대해서는 의심의 여지가 없다. 핵전쟁이나 커다란 소행성 충돌, 기후 변화 등등. 이 모든 것들은 우리 문명의 몰락과 관련해 가능한 시나리오다. 하지만 이 중 어느 것도 필연적인 것은 아니다.

다만 확실한 것은 언젠가 지구가 멸망할 것이라는 사실이다. 어쩌면 타버릴 수도 있다. 태양의 중심이 쪼그라들고 외부가 엄청나게 팽창하게 되면 모든 물과 지구상의 모든 생물들이 증발하고 어쩌면 지구 전체도 증발할 수 있다.

멸망의 시나리오가 동시대인들 사이에서 논쟁거리가 되기에는 너무 먼 미래에 대한 것으로 약 20억 년에서 30억 년 후에 도래할 것으로 예상된다. 이 은하계 격변의 징조는 아마도 그 전에 눈에 띄게 나타날 것이다. 그때까지 인류가 살아 있다면 그 전에 스스로를 구원해야 할 것이다.

2018년 3월 세상을 떠난 천체물리학자 스티븐 호킹은 인류에게 새로운 터전을 찾아주기까지 했다. 그의 이론에 따르면 우주의 식민화가 너무 늦지 않으려면 인간은 200년에서 500년 후에는 지구를 떠나야 한다.

이 물리학의 천재는 2025년까지는 선도국가들이 인간을 화성에 보내는 데 성공해야 하고, 2047년까지는 달에 견고한 기지를 건설해야 한다고 주장했다.

☀ 〜〜〜〜〜 불굴의 미생물

지구상에서 우리의 존재는 이 행성의 가장 작은 생물들과 매우 밀접하게 연결되어 있기 때문에, 필연적으로 다음과 같은 의문을 갖게 된다. 이 푸른 행성이 소멸하면 미생물은 어떻게 될까? 사실 단세포 생물들이 인간보다 훨씬 더 오래 살아남을 수 있으며 우주의 혹독한 환경을 우리보다 잘 견뎌낼 수 있다는 것을 우리는 온갖 징후를 통해 알 수 있다.

미생물은 지구 최초의 거주자였다. 지구가 지옥처럼 끓어오르고 있을 때도 이들은 살아 있었다. 박테리아는 가장 극단적인 환경에서도 생존할 수 있는 것으로 보인다. 연구자들은 또한 최근의 발견을 통해 수 킬로미터 깊숙한 지하나 끓는 간헐천 또는 남극의 얼음판에서도 극초음파 미생물이 살아 있다는 것을 증명해 보였다.

- 메타노피루스 칸들레리(Methanopyrus kandleri)는 살아남을 뿐만 아니라 증식도 한다. 예를 들어, 120°C 이상의 온도로 들끓는 심해 바닥에서도 이들은 살아남는다. 인간에게는 41°C 이상의 열도 치명적일 수 있다.
- 데이노코쿠스 라디오두란스(Deinococcus radiodurans)는 최대 1만 7,500그레이(Gray, 방사선의 흡수선량을 나타내는 국제 단위)까지의 급성 방사선량을 허용한다. 인간은 6~10그레이의 방사선에 노출되기만 해도 며칠 안에 사망한다.
- 슈와넬라 벤티카(Shewanella benthica)는 1만 1,000m 깊이의 수심에서 살고 있으며 성장하기 위해서는 800bar의 압력이 필요하다. 모의 다이빙 실험에서 사람들이 도달할 수 있는 깊이는 최대 700m이고 견딜 수 있는 압력은 70bar였다.

우주의 극한의 추위와 완벽한 진공 상태조차도 죽일 수 없는 미생물도 몇 종류 있다.

다세포 생물 중에서 완보류의 동물은 가장 혹독한 환경을 잘 견딘다. 이들은 박테리아와 마찬가지로 휴지기를 가진다. 이 수면단계를 휴면생활이라고 부른다. 잠을 자는 완보류는 영하 273°C의 절대 영점에 가까운 온도와 우주의 조건에서도 여러 날 동안 생존할 수 있다. 지구 주위의 고도 270km 상공에 두 종류의 완보류를 열린 컨테이너에 넣고 10일 동안 천천히 원을 그리며 움직이도록 한 실험에서 연구자들은 이 사실을 발견할 수 있었다.

막스 플랑크 연구소의 과학자들은 혜성에 만연해 있는 혹독한 환경을 연구소에 모의 실현해보았다. 이들은 거기서 놀라운 사실을 발견했다. 심지어 얼음처럼 차가운 우주의 환경 하에서도 모든 생명의 원천이라고 할 수 있는 아미노산이 거의 스스로 생성되는 것이었다. 생명과 생명의 구성요소들이 기대했던 것보다 훨씬 더 적응력이 뛰어나다는 증거였다.

미생물이 얼마나 강인한지에 대한 예를 들어보자. 태양의 자외선은 단세포 유기체로서는 적응하기 힘들다. 하지만 모의실험에 의하면 먼지와 모래로 된 얇은 UV 보호막은 박테리아의 생존 가능성을 증가시키기에 충분하다.

높이가 약 2m인 운석 내부에 들어 있는 박테리아 포자는 우주 방사선으로부터 최대 100만 년까지 보호될 수 있다. 운석의 생활환경보다 더 생명에 적대적인 환경은 어디에도 없을 것이다. 식품을 얻을 수 있는 곳은 전무하다.

그런데 미생물은 영양분과 물도 없이 어떻게 100만 년 동안 살아남을 수 있었을까?

사실, 박테리아는 어떤 영양소 결핍에도 견딜 수 있는 경이적인 능력을 가지고 있다. 이들은 스스로를 포자의 형태로 바꾸고 깊은 잠에 빠진다. 따라서 내부에 캡슐화된 박테리아에는 세포가 단 1개만 남는데, 이 세포는 박테리아의 유전물질을 보존한다. 또한 그동안에 신진대사는 완전히 정지한다.

그렇지만 미생물은 적절한 영양소를 섭취할 때 다시 살아날 수 있다. 내가 처음에 언급한 2억 5,000만 년 된 소금 결정 속 포자의 소생이 그 예라고 할 수 있다. 그보다 놀라운 경우도 있다.

수년 전 호박에 보존된 벌이 발견되면서 이 같은 작용이 어떻게 이루어지는지 밝혀졌다. 벌의 장 내에서 연구원들은 고대의 박테리아 포자를 발견했다. 또한 이들은 포자를 소생시키는 데 성공했다.

영양제 용액을 넣었더니 호박 속의 죽은 벌 속에 들어 있던 미생물이 놀랍게도 약 2,500만 년 후에 깊은 잠에서 깨어나 과학자들에게 엄청난 놀라움을 안겨주었다.

미생물은 우주의 유독성 조건조차도 물리칠 수 있는 능력이 있는 것으로 보인다. 그렇다면 이들이 오래전 외부의 행성에서 지구로 왔을 가능성도 있지 않겠는가?

예를 들어 과거 먼 옛날 지구가 아직 극한의 조건에 놓여 있을 때 화성에서 온 운석이 지구에 떨어졌을 수도 있다. 그 충격 속에서 아무것도 살아남지 못했을 것이라고 모두들 상상할 것이다. 아니면 누군가는 살아남지 않았을까?

독일항공우주센터의 과학자들은 실험실에서 무거운 금속판을 일정 높이에서 쓰러트릴 때 포자가 어떻게 반응하는지를 실험해왔다. 샘플을 500°C까지 가열했고 충격에 의한 파장도 발생했다. 모든 것이 새까맣게 그을렸고, 포자도 검게 물들었다. 그럼에도 불구하고 수천 개의 미생물은 살아남았다.

혜성과 소행성이 지구에 떨어져서 원시 지구에 바로 적응할 수 있는 유기 분자를 던져준 것일까? 그렇다면 생명의 핵은 광활한 우주에 있는 것일까? 적어도 우리는 중요한 유기 분자는 외계의 차가운 황무지에서도 분명 살아남을 수 있다는 사실을 확인할 수 있었다.

연구자들은 지구상에 존재하는 모든 생명체의 핵심 분자는 우주의 거의 모든 곳에서 살아남을 수 있다는 것을 밝혀냈다. 심지어 액체 상태의 물이 있는 행성이 아니라도 상관없다.

☀ 〰〰〰 외계 미생물에 대한 공포

1969년 7월 24일 성공적인 달 임무를 마치고 돌아온 후 아폴로 11호의 우주비행사였던 닐 암스트롱, 마이클 콜린스, 버즈 올드린은 일단 이동 검역소에서 17일을 보냈다. 우주비행사들이 달에서 지구로 위험한 박테리아를 옮겨왔을지도 모른다는 두려움이 컸기 때문이다.

특히 방어력이 갖추어지지 않은 질병에 대한 두려움이 컸다. 이는 15세기 신대륙으로 넘어오면서 중남미 원주민들에게 많은 죽음을 안겨준 전염병을 같이 가져왔던 스페인 정복자들의 예를 보면 알 수 있다.

그런데 우주여행자들의 경우에는 이 정복자들이 지구의 박테리아를 달로 가져가긴 했지만 그 반대의 상황은 일어나지 않았다. 1969년 11월 두 번째 달 착륙 때 아폴로 12호의 우주비행사들은 몇 년 전 달에 떨어진 오래된 미국 탐사기를 발견했다.

우주비행사들은 '서베이어 3호'라 불리는 이 탐사기의 한 부분을 지구로 가지고 왔다. NASA 전문가들은 이 탐사기에서 몇 년 동안 우주에 머물렀던 것으로 보이는 박테리아를 발견했다.

이 박테리아는 출발 준비 중 코감기에 걸렸던 기술자에게서 옮겨간 것으로 추측되었다. 하지만 나중에 지구로 돌아온 후에야 이 세균들이 탐사기에 옮겨갔을 가능성도 있다.

이 사건의 불확실성은 NASA에 새로운 경각심을 안겨주었다. 그리하여 다음부터는 우주비행사들이 우연일지라도 지상의 미생물을 외계의 천체로 운반하지 않도록 세심하게 신경을 썼다. 그 결과 가령 화성에서 단순한 생명의 형태를 발견한다 할지라도 이것이 지구에서 온 눈먼 손님이 아니라는 것을 확실히 보증할 수 있게 되는 것이다.

우주 임무를 하면서 행성, 달, 소행성 또는 혜성이 지구 생명체로 오염되는 것을 제한하는 보호조치는 '행성보호'라는 용어로 요약할 수 있다.

☀ ⸺ 우주선의 세균군

우리 지구 밖에 외계 생명체가 발달했는지 혹은 어디에 있는지에 대한 질문은 이웃 행성을 탐사하는 데 있어 매우 중요한 요소다. 그중 유력한 후보자가 화성을 제외하고는 목성의 위성인 유로파(Europa)다. 그런데 이러한 질문에 답을 주려면 미생물학자가 필요했다. 이들은 미생물들이 극단적이고 외계적인 조건에서 어떻게 행동하는지를 밝혀내야 했다.

우주정거장이나 우주선에 장기간 머무르다 보면 인간이 가져온 미생물들이 자체의 미생물 군류를 발전시키게 된다. 이것은 우주 비행사의 건강과 직접적으로 연관된다. 따라서 우주선의 실내 위생과 오염 제거를 위한 조치를 꼼꼼히 취해야 한다.

특히 흥미로운 점은 중력이 없는 상태에서는 인간의 신진대사뿐 아니라 박테리아의 대사도 변화한다는 점이다. 가령 우주 공간에서는 살모넬라균의 행동이 변화되고 쥐에 대한 공격성이 증가했다. 바이러스가 변질되는 것과 동시에 무중력 상태로 인해 인간의 면역력이 약화되는 상황은 좋은 조합이라고 볼 수 없다. 지구상에서는 무해하다고 여겨졌던 미생물이 우주 공간에서 갑자기 킬러가

되어 우주비행사를 위협할 수도 있는 것이다.

우주 공간 속에서 우주비행사는 밀폐된 공간 속의 수많은 미생물에 무방비로 노출된다. 유인 화성탐사선이 화성에 다녀오려면 2년이라는 긴 여정이 필요할 것으로 여겨진다. 250일은 우주비행을 하고, 250일은 붉은 행성에 머물며, 다시 250일 정도의 귀환 비행을 할 것이다.

과거 소비에트의 유인 우주정거장 미르에서 박테리아나 곰팡이와 같은 미생물이 집중적으로 서식했다는 것을 보여주는 많은 연구들이 있다. 미르는 1986년부터 2001년까지 지구를 돌다가 이후 의도적으로 폐기됐다.

우주정거장의 박테리아 배양에 대한 조사에 근거한 간행물을 통해 우리는 100가지가 넘는 여러 종류의 미생물이 서식했음을 알 수 있다. 그중에서는 잠재적으로 병원성이 있는 균도 있고 바이오필름을 증식시켜 부식을 통해 물체를 파괴할 수 있는 곰팡이와 같은 균도 있다.

위생적인 측면에서 볼 때 우주정거장이나 우주비행선에서의 삶은 매우 혹독하다고 볼 수 있다.

- 공기와 물은 생명유지 장치를 통해 지속적으로 재활용된다.
- 중력 및 공간 방사선의 부재는 근육 손실과 같은 신체 변화를 불러올 뿐만 아니라 면역체계도 약화시킨다.

- 개인위생(세척, 샤워)은 제한적으로만 가능하다.
- 변형된 식단은 우주비행사의 체내 미생물 환경에 영향을 미친다.
- 정신적 스트레스(좁은 공간과 지루함 등)는 면역체계를 더욱 괴롭히는 요인이 될 수 있다.
- 중력이 없으면 미생물이나 오염물질이 지구와는 다르게 퍼져나간다.

국제우주정거장에 대한 포괄적인 미생물 연구는 미생물이 정착하는 방식이 지구상의 일반적인 서식지와 매우 비슷하다는 것을 밝혀냈다. 과학자들은 수천 종의 미생물 다양성을 근거로 우주정거장이 '자연적인' 미생물 환경을 가지고 있다고 평가했다. 미생물의 감소는 공간의 환경이 열악해졌음을 나타내는 신호로 볼 수 있다.

국제우주정거장은 완전히 밀폐되어 있는 공간이므로 미생물의 원천은 우주선에 탑승한 사람이나 물질이라고 볼 수 있을 것이다.

행성 보호규정에 따르면 우주로 발사되는 모든 기기는 당연히 무균 상태여야 한다. 이들은 클린룸에서 정교하게 조립되고 살균 과정을 거친다. 클린룸에서는 정기적으로 미생물 오염 여부를 점검한다. DNA나 RNA의 형태로 이루어진 세균이나 분자를 그곳에서 항상 추적할 수 있다.

레겐스부르크의 연구원들은 2008년 타움고세균(Thaumarchaeota)

이라고 불리는 특별한 고세균을 만났다. 이들이 생각할 수 있는 고세균의 유일한 원천은 인간, 그중에서도 특히 인간의 피부였다.

하지만 그때까지도 고세균들이 인간의 피부에 서식하고 있다는 것은 알려지지 않았다. 그런데 연구그룹의 추가 조사 결과 인간의 원핵성 피부 세균군 중 최대 10%가 이러한 고세균으로 구성될 수 있다는 것이 밝혀졌다. 건강과 관련해 그들의 기능이나 중요성은 아직 완전히 알려져 있지 않다. 우주 연구가 없었다면 우리는 아마도 오랫동안 이 피부 세균군을 발견하지 못했을 것이다.

우주 탐험은 흥미진진하고 현실적인 발견을 통해 아직까지는 사람들이 웃음거리로 삼고 있는 가정위생 환경의 미래를 밝혀줄 것이다. 우주 공간 속에서 인간은 미생물 동료들과 함께 협소한 공간에서 함께 지내며 밖으로 탈출할 수 없다. 우주 공간 속에서 인간과 미생물이 성공적인 관계를 형성하기 위해 어떤 조치가 이루어져야 할지는 궁극적으로 풀어야 할 숙제다.

에필로그

2017년 여름, 내가 그동안 해오던 작업이 점차 살벌하게 느껴졌다. 우리의 부엌 수세미 연구는 전혀 예상치 못할 정도로 주목을 받았다. 독일 언론을 비롯해 국제 언론까지도 이 주제에 대해 맹렬히 비난했다. 인터뷰 요청이 없는 날이 드물었다. 사실 이것은 연구 결과를 인정받기 원하는 모든 연구자의 꿈이기도 하다.

하지만 언론 보도는 터무니없는 특징들도 가지고 있었다. 사람들은 발포고무로 만들어진 네모난 수세미가 방사능 오염 물질만큼이나 위험하다고 생각할 수 있다. 그래서 어느 시점부터 나는 사람들의 폭발적인 히스테리에 맞서기 위해 인터뷰할 때 다음과 같은 간단한 제안을 시도해보았다. 수세미를 좀 더 자주 교체해보는 건 어떨까요?

하지만 평생 동안 성실히 살아온 부엌 수세미의 주인들이 언제 수세미를 교체해야 할지에 대한 조언을 누구에게도 듣고 싶어 하지 않는다는 것을 간과해서는 안 될 것이다.

아무튼 내 연구는 결코 공포를 조장할 목적으로 한 것이 아니었다. 부엌 수세미의 미생물 세계는 단지 우리가 미생물의 세계를 더 잘 이해할 수 있도록 최적의 조건을 갖추고 있을 뿐이다. 무엇보다도 우리는 생명의 기본 법칙을 존중하고 조화시켜야 한다. 미생물은 우리 몸에 속해 있기도 하다. 이들은 심지어 가장 가까운 우리의 동반자이기도 하다. 하지만 몇 가지 예외를 제외하고는 이들이 악당이기도 하다는 것을 우리는 명심해야 한다.

가정 내 미생물에 건강하게 대처하기 위한 9가지 논점

① **미생물은 존중과 존경을 받을 가치가 있다.** 이들은 수많은 세월을 살아왔고 작지만 뛰어난 적응력을 갖고 있으며 부지런한 존재들로 아마 이 행성 최초의, 그리고 최후의 거주자라고 할 수 있을 것이다.

② **사람은 살아가기 위해 미생물을 필요로 하며 그 반대가 아니다.** 100억 개의 세포로 이루어진 인체 내의 미생물 없이 인간은 건강하게 살 수 없다.

③ **미생물이 지구의 세입자가 아니라 우리가 미생물의 세입자라고 할 수 있다.** 미생물의 활동을 통해서 비로소 지구는 인간이 살 수 있는 행성이 되었다.

④ **가정에서의 완벽한 멸균은 착각이며 바람직하지도 않다.** 극한의 서식지를 개척한 수십억 년의 연륜을 바탕으로 미생물들도 인간의 서식지에서 살아가는 것을 멈추지 않을 것이다. 이는 우리에게도 도움이 된다. 우리의 생활환경 속 미생물 세균군을 풍요롭게 만들어주기 때문이다.

⑤ **특히 아이들은 미생물이 풍부한 환경을 필요로 하는데, 이는 아이들의 면역체계를 강화시키는 스파링 파트너와도 같다.** 가령 반려동물을 통한 면역체계의 미생물 자극을 통해 천식이나 알레르기 같은 질병을 차후에 예방할 수 있다.

⑥ **우리가 스스로를 보호해야 할 대상은 미생물이 아니라 전염병이다.** 전염병은 생명을 위협할 수 있지만, 아주 극소수의 미생물만이 전염성 세균에 속하며 전염병을 촉발시킬 뿐이다.

⑦ **전염병을 예방하기 위해서는 좋은 가정위생 수칙과 예방접종만으로도 충분하다.** 강력한 세척과 열, 산성물질, 비누 또는 건조 등은 가정 내에서 미생물에게 매우 효과적인 대책이라고 할 수 있다. 정말 나쁜 병에 대항해서는 예방접종으로 보호한다.

⑧ **특별한 항균법은 급성 또는 만성질환자에게만 적용된다.** 적절하게 사용되는 항생제와 소독제는 아픈 사람들과 그들의 간병인들에게는 축복이지만 건강한 사람들에게는 그렇지 않다.

⑨ **생균적 조치를 할 때는 주의를 기울여야 한다.** 좋은 박테리아는 요구르트에만 있는 것이 아니며 이들이 세정제에도 포함될 날이 곧 오기를 바란다.

미생물학자로서 나는 미래에 위생 상태가 완전히 재정립될 것이라는 큰 희망을 가지고 있다. 하나의 과학으로서 적극적인 미생물 관리에는 질병 예방을 위해 세균을 죽이는 것만 포함되는 것은 아니다. 만약 이 책이 조금이라도 그런 방향에 기여할 수 있다면 나는 매우 행복할 것이다.

위생 및 미생물학적 주제에 대한
인터넷 소스

- 로베르트 코흐 연구소: https://www.rki.de
- 독일연방 국가지원 건강계몽센터: https://www.bzga.de
- 식품 및 동물 사료 경고: www.lebensmittelwarnung.de
- 환경공학적 미생물 군집: https://www.microbe.net
- 미생물을 두려워하지 마라: https://mikrobenzirkus.com
- 미생물학의 경이로운 세계: https://invisiverse.wonderhowto.com
- 독일연방위해평가원: https://www.bfr.bund.de
- 가정위생에 대한 국제과학포럼: https://www.ifh-homehygiene.org

참고문헌

각 장의 내용 서술에 참조한 문헌에 대한 출처와
추가 참고문헌 소개

제1장 세균 혹은 비세균

Carabotti M, Scirocco A, Maselli MA & Severi C (2015) The gutbrain axis: interactions between enteric microbiota, central and enteric nervous systems. Annals of Gastroenterology 28: 203–209.

Clemente JC, Pehrsson EC & Blaser MJ et al. (2015) The microbiome of uncontacted Amerindians. Science Advances 1: e1500183.

Dodd MS, Papineau D, Grenne T, Slack JF, Rittner M, Pirajno F, O'Neil J & Little CTS (2017) Evidence for early life in Earth's oldest hydrothermal vent precipitates. Nature 543: 60–64.

Dominguez-Bello MG, Jesus-Laboy KM de & Shen N et al. (2016) Partial restoration of the microbiota of cesarean-born infants via vaginal microbial transfer. Nature Medicine 22: 250–253.

Fernández L, Langa S, Martín V, Maldonado A, Jiménez E, Martin R & Rodriguez JM (2013) The human milk microbiota: Origin and potential roles in health and disease. Pharmacological Research 69: 1–10.

Flemming H-C, Wingender J, Szewzyk U, Steinberg P, Rice SA & Kjelleberg S (2016) Biofilms: an emergent form of bacterial life. Nature Reviews Microbiology 14: 563–575.

Hennet T & Borsig L (2016) Breastfed at Tiffany's. Trends in Biochemical Sciences 41: 508–518.

Kelly CR, Kahn S, Kashyap P, Laine L, Rubin D, Atreja A, Moore T & Wu G (2015)

Update on fecal microbiota transplantation 2015: Indications, methodologies, mechanisms, and outlook. Gastroenterology 149: 223–237.

Kinross JM, Darzi AW & Nicholson JK (2011) Gut microbiomehost interactions in health and disease. Genome Medicine 3: 14.

Kort R, Caspers M, van de Graaf A, van Egmond W, Keijser B & Roeselers G (2014) Shaping the oral microbiota through intimate kissing. Microbiome 2: 41.

Leclercq S, Mian FM, Stanisz AM, Bindels LB, Cambier E, Ben-Amram H, Koren O, Forsythe P & Bienenstock J (2017) Lowdose penicillin in early life induces long-term changes in murine gut microbiota, brain cytokines and behavior. Nature Communications 8: 15062.

Liu CM, Hungate BA & Tobian AAR et al. (2013) Male circumcision significantly reduces prevalence and load of genital anaerobic bacteria. mBio 4: e00076.

Liu CM, Prodger JL & Tobian AAR et al. (2017) Penile anaerobic dysbiosis as a risk factor for HIV infection. mBio 8: e00996-17.

Lloyd-Price J, Abu-Ali G & Huttenhower C (2016) The healthy human microbiome. Genome Medicine 8: 1024.

McFall-Ngai M (2008) Host-microbe symbiosis: The Squid-Vibrio association –A naturally occurring, experimental model of animal/bacterial partnerships. Advances in Experimental Medicine and Biology 635: 102-112.

Prescott SL (2017) History of medicine: Origin of the term microbiome and why it matters. Human Microbiome Journal 4: 24–25.

Ross AA, Doxey AC & Neufeld JD (2017) The skin microbiome of cohabiting couples. mSystems 2: e00043-17.

Sender R, Fuchs S & Milo R (2016) Are we really vastly outnumbered? Revisiting the ratio of bacterial to host cells in humans. Cell 164: 337–340.

Sevelsted A, Stokholm J, Bønnelykke K & Bisgaard H (2015) Cesarean section and chronic immune disorders. Pediatrics 135: e92-e98.

Thomas CM & Nielsen KM (2005) Mechanisms of, and barriers to, horizontal gene transfer between bacteria. Nature Reviews Microbiology 3: 711-721.

Verma S & Miyashiro T (2013) Quorum sensing in the Squid-Vibrio symbiosis. International Journal of Molecular Sciences 14: 16386–16401.

Vodstrcil LA, Twin J & Garland SM et al. (2017) The influence of sexual activity on the vaginal microbiota and Gardnerella vaginalis clade diversity in young women. PLOS ONE 12: e0171856.

Vreeland RH, Rosenzweig WD & Powers DW (2000) Isolation of a 250 million-year-old halotolerant bacterium from a primary salt crystal. Nature 407: 897–900.

Whiteley M, Diggle SP & Greenberg EP (2017) Progress in and promise of bacterial quorum sensing research. Nature 551: 313–320.

제2장 세균은 혼자 오지 않는다

Barker J & Bloomfield SF (2000) Survival of Salmonella in bathrooms and toilets in domestic homes following salmonellosis. Journal of Applied Microbiology 89: 137–144.

Bloomfield SF, Rook GAW, Scott EA, Shanahan F, Stanwell-Smith R & Turner P (2016) Time to abandon the hygiene hypothesis: new perspectives on allergic disease, the human microbiome, infectious disease prevention and the role of targeted hygiene. Perspectives in Public Health 136: 213–224.

Butt U, Saleem U, Yousuf K, El-Bouni T, Chambler A & Eid AS (2012) Infection risk from surgeons' eyeglasses. Journal of Orthopaedic Surgery 20: 75–77.

Cardinale M, Kaiser D, Lueders T, Schnell S & Egert M (2017) Microbiome analysis and confocal microscopy of used kitchen sponges reveal massive colonization by

Acinetobacter, Moraxella and Chryseobacterium species. Scientific Reports 7: 5791.

Caselli E (2017) Hygiene: microbial strategies to reduce pathogens and drug resistance in clinical settings. Microbial Biotechnology 10: 1079–1083.

Caudri D, Wijga A, Scholtens S, Kerkhof M, Gerritsen J, Ruskamp JM, Brunekreef B, Smit HA & Jongste JC de (2009) Early daycare is associated with an increase in airway symptoms in early childhood but is no protection against asthma or atopy at 8 years. American Journal of Respiratory and Critical Care Medicine 180: 491–498.

Di Lodovico S, Del Vecchio A, Cataldi V, Di Campli E, Di Bartolomeo S, Cellini L & Di Giulio M (2018) Microbial contamination of smartphone touchscreens of Italian university students. Current Microbiology 75: 336–342.

Dunn RR, Fierer N, Henley JB, Leff JW & Menninger HL (2013) Home life: Factors structuring the bacterial diversity found within and between homes. PLOS ONE 8: e64133.

Egert M, Schmidt I, Bussey K & Breves R (2010) A glimpse under the rim –the composition of microbial biofilm communities in domestic toilets. Journal of Applied Microbiology 108: 1167–1174.

Egert M, Spath K, Weik K, Kunzelmann H, Horn C, Kohl M & Blessing F (2015) Bacteria on smartphone touchscreens in a German university setting and evaluation of two popular cleaning methods using commercially available cleaning products. Folia Microbiologica 60: 159–164.

Gibbons SM, Schwartz T, Fouquier J, Mitchell M, Sangwan N, Gilbert JA & Kelley ST (2015) Ecological succession and viability of human-associated microbiota on restroom surfaces. Applied and Environmental Microbiology 81: 765–773.

Gilbert JA (2017) How do we make indoor environments and healthcare settings healthier? Microbial Biotechnology 10: 11–13.

Hesselmar B, Hicke-Roberts A & Wennergren G (2015) Allergy in children in hand versus machine dishwashing. Pediatrics 135: e590-7.

Johnson DL, Mead KR, Lynch RA & Hirst DVL (2013) Lifting the lid on toilet plume aerosol: A literature review with suggestions for future research. American Journal of Infection Control 41: 254–258.

Kotay S, Chai W, Guilford W, Barry K & Mathers AJ (2017) Spread from the sink to the patient: In situ study using green fluorescent protein (GFP)-expressing Escherichia coli to model bacterial dispersion from hand-washing sink-trap reservoirs. Applied and Environmental Microbiology 83: e03327-16.

Lang JM, Eisen JA & Zivkovic AM (2014) The microbes we eat: abundance and taxonomy of microbes consumed in a day's worth of meals for three diet types. PeerJ 2: e659.

Martin LJ, Adams RI & Bateman A et al. (2015) Evolution of the indoor biome. Trends in Ecology & Evolution 30: 223–232.

Meadow JF, Altrichter AE & Green JL (2014) Mobile phones carry the personal microbiome of their owners. PeerJ 2: e447.

Miranda RC & Schaffner DW (2016) Longer contact times increase cross-contamination of Enterobacter aerogenes from surfaces to food. Applied and Environmental Microbiology 82: 6490–6496.

Raghupathi PK, Zupančč̌J, Brejnrod AD, Jacquiod S, Houf K, Burmølle M, Gunde-Cimerman N & Sørensen SJ (2018) Microbial diversity and putative opportunistic pathogens in dishwasher biofilm communities. Applied and Environmental Microbiology 84: e02755-17.

Rook GA (2013) Regulation of the immune system by biodiversity from the natural environment: An ecosystem service essential to health. Proceedings of the National Academy of Sciences USA 110: 18360–18367.

Rusin P, Orosz-Coughlin P & Gerba C (1998) Reduction of faecal coliform, coliform and heterotrophic plate count bacteria in the household kitchen and bathroom by disinfection with hypochlorite cleaners. Journal of Applied Microbiology 85: 819–828.

Savage AM, Hills J, Driscoll K, Fergus DJ, Grunden AM & Dunn RR (2016) Microbial diversity of extreme habitats in human homes. PeerJ 4: e2376.

Strachan DP (1989) Hay fever, hygiene, and household size. BMJ 299: 1259–1260.

Xu J & Gordon JI (2003) Honor thy symbionts. Proceedings of the National Academy of Sciences USA 100: 10452–10459.

ZupanččJ, Novak BabičM, Zalar P & Gunde-Cimerman N (2016) The black yeast Exophiala dermatitidis and other selected opportunistic human fungal pathogens spread from dishwashers to kitchens. PLOS ONE 11: e0148166.

제3장 미생물은 우리 안에 있다

Barberis I, Bragazzi NL, Galluzzo L & Martini M (2017) The history of tuberculosis: from the first historical records to the isolation of Koch's bacillus. Journal of Preventive Medicine and Hygiene 58: E9-E12.

Baum M & Liesen H (1997) Sport und Immunsystem. Der Orthopade 26: 976–980.

Bhullar K, Waglechner N, Pawlowski A, Koteva K, Banks ED, Johnston MD, Barton HA & Wright GD (2012) Antibiotic resistance is prevalent in an isolated cave microbiome. PLOS ONE 7: e34953.

Brockmann D & Helbing D (2013) The hidden geometry of complex, network-driven contagion phenomena. Science 342: 1337–1342.

Brolinson PG & Elliott D (2007) Exercise and the immune system. Clinics in Sports Medicine 26: 311–319.

Falush D, Wirth T & Linz B et al. (2003) Traces of human migrations in Helicobacter pylori populations. Science 299: 1582–1585.

Fatkenheuer G, Hirschel B & Harbarth S (2015) Screening and isolation to control meticillin-resistant Staphylococcus aureus: sense, nonsense, and evidence. The Lancet 385: 1146–1149.

Furuse Y, Suzuki A & Oshitani H (2010) Origin of measles virus: divergence from rinderpest virus between the 11th and 12th centuries. Virology Journal 7: 52.

Greaves I & Porter KM (1992) Holy spirit? An unusual cause of pseudomonal infection in a multiply injured patient. BMJ 305: 1578.

Gupta S (2017) Microbiome: Puppy power. Nature 543: S48-S49.

Hertzberg VS, Weiss H, Elon L, Si W & Norris SL (2018) Behaviors, movements, and transmission of droplet-mediated respiratory diseases during transcontinental airline flights. Proceedings of the National Academy of Sciences USA 115: 3623–3627.

Kirschner AKT, Atteneder M, Schmidhuber A, Knetsch S, Farnleitner AH & Sommer R (2012) Holy springs and holy water: underestimated sources of illness? Journal of Water and Health 10: 349–357.

König C, Tauchnitz S, Kunzelmann H, Horn C, Blessing F, Kohl M & Egert M (2017) Quantification and identification of aerobic bacteria in holy water samples from a German environment. Journal of Water and Health 15: 823–828.

Kuntz P, Pieringer-Müller E & Hof H (1996). Infektionsgefährdung durch Bißverletzungen. Deutsches Ärzteblatt 93: A-969–72.

Maixner F, Krause-Kyora B & Turaev D et al. (2016) The 5300-year-old Helicobacter pylori genome of the Iceman. Science 351: 162–165.

Markley JD, Edmond MB, Major Y, Bearman G & Stevens MP (2012) Are gym surfaces reservoirs for Staphylococcus aureus? A point prevalence survey. American Journal of Infection Control 40: 1008–1009.

Mc Cay PH, Ocampo-Sosa AA & Fleming GTA (2010) Effect of subinhibitory concentrations of benzalkonium chloride on the competitiveness of Pseudomonas aeruginosa grown in continuous culture. Microbiology 156: 30–38.

Meadow JF, Bateman AC, Herkert KM, O'Connor TK & Green JL (2013) Significant changes in the skin microbiome mediated by the sport of roller derby. PeerJ 1: e53.

Neu L, Bänziger C, Proctor CR, Zhang Y, Liu W-T & Hammes F (2018) Ugly ducklings – the dark side of plastic materials in contact with potable water. NPJ Biofilms and Microbiomes 4: 7.

Panchin AY, Tuzhikov AI & Panchin YV (2014) Midichlorians—the biomeme hypothesis: is there a microbial component to religious rituals? Biology Direct 9: 14.

Pellerin J & Edmond MB (2013) Infections associated with religious rituals. International Journal of Infectious Diseases 17: e945-e948.

Rees JC & Allen KD (1996) Holy water –a risk factor for hospitalacquired infection. Journal of Hospital Infection 32: 51–55.

Sharp PM & Hahn BH (2011) Origins of HIV and the AIDS pandemic. Cold Spring Harbor Perspectives in Medicine 1: a006841.

Stein MM, Hrusch CL & Gozdz J et al. (2016) Innate immunity and asthma risk in Amish and Hutterite farm children. New England Journal of Medicine 375: 411–421.

Webber MA, Buckner MMC, Redgrave LS, Ifill G, Mitchenall LA, Webb C, Iddles R, Maxwell A & Piddock LJV (2017) Quinolone-resistant gyrase mutants demonstrate decreased susceptibility to triclosan. Journal of Antimicrobial Chemotherapy 72: 2755–2763.

Weber A & Schwarzkopf A (2003). Heimtierhaltung –Chancen und Risiken fur die Gesundheit. Gesundheitsberichterstattung des Bundes, Heft 19. Robert Koch-Institut in Zusammenarbeit mit dem Statistischen Bundesamt (Hrsg.), Berlin.

Weber DJ, Rutala WA & Sickbert-Bennett EE (2007) Outbreaks associated with contaminated antiseptics and disinfectants. Antimicrobial Agents and Chemotherapy 51: 4217–4224.

Wood M, Gibbons SM, Lax S, Eshoo-Anton TW, Owens SM, Kennedy S, Gilbert JA & Hampton-Marcell JT (2015) Athletic equipment microbiota are shaped by interactions with human skin. Microbiome 3: 25.

제4장 닥터 박테리아와 미스터 세균

Bockmuhl DP (2017) Laundry hygiene-how to get more than clean. Journal of Applied Microbiology 122: 1124–1133.

Burton M, Cobb E, Donachie P, Judah G, Curtis V & Schmidt W-P (2011) The effect of handwashing with water or soap on bacterial contamination of hands. International Journal of Environmental Research and Public Health 8: 97–104.

Callewaert C, Lambert J & van de Wiele T (2017) Towards a bacterial treatment for armpit malodour. Experimental Dermatology 26: 388–391.

Callewaert C, Maeseneire E de, Kerckhof F-M, Verliefde A, van de Wiele T & Boon N (2014) Microbial odor profile of polyester and cotton clothes after a fitness session. Applied and Environmental Microbiology 80: 6611–6619.

Callewaert C, van Nevel S, Kerckhof F-M, Granitsiotis MS & Boon N (2015) Bacterial exchange in household washing machines. Frontiers in Microbiology 6: 1381.

Cano RJ & Borucki MK (1995) Revival and identification of bacterial spores in 25- to 40-million-year-old Dominican amber. Science 268: 1060–1064

Dréno B, Pécastaings S, Corvec S, Veraldi S, Khammari A & Roques C (2018) Cutibacterium acnes (Propionibacterium acnes) and acne vulgaris: a brief look at the latest updates. Journal of the European Academy of Dermatology and Venereology

32: 5–14.

Egert M & Simmering R (2016) The microbiota of the human skin. Advances in Experimental Medicine and Biology 902: 61–81.

Fierer N, Hamady M, Lauber CL & Knight R (2008) The influence of sex, handedness, and washing on the diversity of hand surface bacteria. Proceedings of the National Academy of Sciences USA 105: 17994–17999.

Fredrich E, Barzantny H, Brune I & Tauch A (2013) Daily battle against body odor: towards the activity of the axillary microbiota. Trends in Microbiology 21: 305–312.

Jönsson KI, Rabbow E, Schill RO, Harms-Ringdahl M & Rettberg P (2008) Tardigrades survive exposure to space in low Earth orbit. Current Biology 18: R729–R731

Kubota H, Mitani A, Niwano Y, Takeuchi K, Tanaka A, Yamaguchi N, Kawamura Y & Hitomi J (2012) Moraxella species are primarily responsible for generating malodor in laundry. Applied and Environmental Microbiology 78: 3317–3324.

Lang JM, Coil DA, Neches RY, Brown WE, Cavalier D, Severance M, Hampton-Marcell JT, Gilbert JA & Eisen JA (2017) A microbial survey of the International Space Station (ISS). PeerJ 5: e4029.

Martin A, Saathoff M, Kuhn F, Max H, Terstegen L & Natsch A (2010) A functional ABCC11 allele is essential in the biochemical formation of human axillary odor. Journal of Investigative Dermatology 130: 529–540.

Natsch A (2015) What makes us smell: The biochemistry of body odour and the design of new deodorant ingredients. CHIMIA International Journal for Chemistry 69: 414–420.

Natsch A, Gfeller H, Gygax P & Schmid J (2005) Isolation of a bacterial enzyme releasing axillary malodor and its use as a screening target for novel deodorant formulations. International Journal of Cosmetic Science 27: 115–122.

Peterson SN, Snesrud E, Liu J, Ong AC, Kilian M, Schork NJ & Bretz W (2013) The dental plaque microbiome in health and disease. PLOS ONE 8: e58487.

Probst AJ, Auerbach AK & Moissl-Eichinger C (2013) Archaea on human skin. PLOS ONE 8: e65388.

Raynaud X & Nunan N (2014) Spatial Ecology of bacteria at the microscale in soil. PLOS ONE 9: e87217.

Stapleton K, Hill K, Day K, Perry JD & Dean JR (2013) The potential impact of washing machines on laundry malodour generation. Letters in Applied Microbiology 56: 299–306.

Turroni S, Rampelli S & Biagi E et al. (2017) Temporal dynamics of the gut microbiota in people sharing a confined environment, a 520-day ground-based space simulation, MARS500. Microbiome 5: 39.

Wilson JW, Ott CM & Bentrup KH et al. (2007) Space flight alters bacterial gene expression and virulence and reveals a role for global regulator Hfq. Proceedings of the National Academy of Sciences USA 104: 16299–16304.